华为防火墙
实战指南

何坤源 著

人民邮电出版社

北京

图书在版编目（CIP）数据

华为防火墙实战指南 / 何坤源著. -- 北京：人民
邮电出版社，2020.4
ISBN 978-7-115-53233-6

Ⅰ．①华⋯　Ⅱ．①何⋯　Ⅲ．①防火墙技术—指南
Ⅳ．①TP393.082-62

中国版本图书馆CIP数据核字(2020)第005395号

内 容 提 要

　　本书针对华为 HCNA 安全课程所涉及的实验内容，从基本操作开始，由浅入深地介绍华为防火墙产品的各种配置及其使用。为方便读者阅读，本书采用命令行和图形界面两种配置模式进行介绍，同时为了保证实验的真实性，所有实验不使用 eNSP 模拟器，全部使用物理防火墙和运营商提供的互联网 IP 地址，让实验更具有实战参考价值。

　　本书语言通俗易懂，可操作性强，可作为华为 USG 防火墙管理人员参考用书，也可作为华为 HCNA 安全课程的实验手册。

◆ 著　　　　　何坤源
　　责任编辑　　王峰松
　　责任印制　　王　郁　焦志炜

◆ 人民邮电出版社出版发行　　北京市丰台区成寿寺路 11 号
　　邮编　100164　　电子邮件　315@ptpress.com.cn
　　网址　http://www.ptpress.com.cn
　　三河市君旺印务有限公司印刷

◆ 开本：800×1000　1/16
　　印张：17.5　　　　　　　　　2020 年 4 月第 1 版
　　字数：349 千字　　　　　　2025 年 1 月河北第 24 次印刷

定价：69.00 元

读者服务热线：**(010)81055410**　印装质量热线：**(010)81055316**
反盗版热线：**(010)81055315**

广告经营许可证：京东市监广登字 20170147 号

作者简介

何坤源，知名讲师，黑色数据网络实验室创始人，持有 CCIE（RS/DC/SEC）、VCP-DCV（4/5/6）、H3CSE、ITIL 等证书，目前担任多家企业、学校的 IT 咨询顾问，主讲 VMware、Ovirt 等虚拟化课程。

早在 2006 年，作者就将工作重心转向虚拟化、数据中心以及灾难备份中心的建设，2008 年创建 Cisco 路由交换远程实验室，2009 年创建虚拟化远程实验室，2015 年创建云计算远程实验室。到目前为止，作者已经参与了多个企业虚拟化建设和改造项目，在虚拟化的设计、设备选型、运营维护等方面积累了丰富的经验。

工作之余，作者注重经验的总结和分享，几年来编写了《VMware vSphere 5.0 虚拟化架构实战指南》《Linux KVM 虚拟化架构实战指南》《VMware vSphere 6.0 虚拟化架构实战指南》等图书，并有多种图书被各地的高校选为教材。

前言

随着虚拟化、云计算技术的发展，网络基础架构已经不再是传统的路由器、交换机组合，防火墙、入侵检测等设备在企业网络中使用得越来越多，网络安全也变得越来越重要。特别是最近几年出现的各种安全问题，使得企业纷纷加大对安全设备方面的投入。

在世界范围内，能够提供安全服务的厂商有很多，国外著名的安全厂商有 Palo Alto Networks、Fortinet、Cisco、Check Point 等，国内著名的安全厂商有华为、华三、深信服等。虽然各大厂商均能为企业用户提供完整的安全解决方案，但从使用习惯上看，国内厂商的安全设备更符合我国国情。

华为作为其中的佼佼者，能够为企业用户提供完整的安全产品和解决方案，特别是华为 USG 系列防火墙，目前在企业中已经得到大量使用。

本书针对企业用户的使用需求而编写，共 9 章，采用循序渐进的方式带领读者掌握华为 USG 系列防火墙的配置和操作，并指导读者如何在企业中部署。

本书涉及的知识点很多，由于作者水平有限，书中难免有不妥和疏漏之处，欢迎大家与作者进行交流。有关本书的任何问题、意见和建议，可以发邮件到 heky@vip.sina.com 与作者联系，也可与本书编辑（wangfengsong@ptpress.com.cn）联系。

以下是作者的联系方式。

技术交流 QQ：44222798。

技术交流 QQ 群：240222381。

技术交流微信：bdnetlab。

资源与支持

本书由异步社区出品，社区（https://www.epubit.com）为您提供相关资源和后续服务。

配套资源

本书提供如下资源。

● 书中彩图文件。

要获得以上配套资源，请在异步社区本书页面中单击 配套资源 ，跳转到下载界面，按提示进行操作即可。注意：为保证购书读者的权益，该操作会给出相关提示，要求输入提取码进行验证。

提交勘误

作者和编辑尽最大努力来确保书中内容的准确性，但难免会存在疏漏。欢迎您将发现的问题反馈给我们，帮助我们提升图书的质量。

当您发现错误时，请登录异步社区，按书名搜索，进入本书页面，单击"提交勘误"，输入勘误信息，单击"提交"按钮即可，如下图所示。本书的作者和编辑会对您提交的勘误进行审核，确认并接受后，您将获赠异步社区的 100 积分。积分可用于在异步社区兑换优惠券、样书或奖品。

扫码关注本书

扫描下方二维码,您将会在异步社区微信服务号中看到本书信息及相关的服务提示。

与我们联系

我们的联系邮箱是 contact@epubit.com.cn。

如果您对本书有任何疑问或建议,请您发邮件给我们,并请在邮件标题中注明本书书名,以便我们更高效地做出反馈。

如果您有兴趣出版图书、录制教学视频,或者参与图书翻译、技术审校等工作,可以发邮件给我们;有意出版图书的作者也可以到异步社区在线投稿(直接访问 www.epubit.com/selfpublish/submission 即可)。

如果您是学校、培训机构或企业用户,想批量购买本书或异步社区出版的其他图书,也可以发邮件给我们。

如果您在网上发现有针对异步社区出品图书的各种形式的盗版行为,包括对图书全部或部分内容的非授权传播,请您将怀疑有侵权行为的链接发邮件给我们。您的这一举动是对作者权益的保护,也是我们持续为您提供有价值的内容的动力之源。

关于异步社区和异步图书

"**异步社区**"是人民邮电出版社旗下 IT 专业图书社区,致力于出版精品 IT 技术图书和相关学习产品,为作译者提供优质出版服务。异步社区创办于 2015 年 8 月,提供大量精品 IT 技术图书和电子书,以及高品质技术文章和视频课程。更多详情请访问异步社区官网 https://www.epubit.com。

"**异步图书**"是由异步社区编辑团队策划出版的精品 IT 专业图书的品牌,依托于人民邮电出版社近 30 年的计算机图书出版积累和专业编辑团队,相关图书在封面上印有异步图书的 LOGO。异步图书的出版领域包括软件开发、大数据、人工智能、软件测试、前端、网络技术等。

异步社区

微信服务号

目录

第 1 章
防火墙基础知识

本章首先介绍防火墙的概念和发展历史，然后介绍华为 USG6000 系列防火墙架构、安全区域及策略、NAT、VPN、双机热备等知识，最后介绍本书实验所使用的设备、实验拓扑以及实验台操作。

本章要点
- 防火墙的概念
- 防火墙的发展历史
- 华为 USG6000 系列防火墙介绍
- 华为 USG 防火墙安全区域及策略介绍
- 华为防火墙 NAT 介绍
- 华为防火墙 VPN 介绍
- 华为防火墙双机热备介绍
- 本书实验物理设备和拓扑

1.1 防火墙的概念

防火墙属于网络安全设备，其主要作用是通过各种配置，拒绝非授权的访问，保护网络安全。防火墙作为一个独立的硬件设备，可以通过访问控制、身份验证、数据加密、VPN 技术等安全功能，形成一个信息进出的"屏障"。它不仅可以确保内部网络安全地访问互联网，同时还可以保护内部网络的安全。图 1-1-1 所示为防火墙在企业生产环境中的应用。在企业生产环境中，防火墙可以对来自

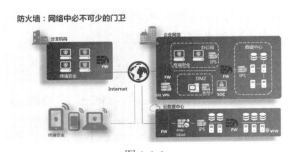

图 1-1-1

内部以及外部的安全问题、内外部相互访问等进行有效控制。

1.2　防火墙的发展历史

防火墙从出现到现在，主要经历了包过滤防火墙、代理防火墙和状态检测防火墙等三代，统一威胁管理和下一代防火墙是最近几年提出的概念。

1.2.1　包过滤防火墙

包过滤防火墙属于第一代防火墙。这种防火墙通过配置访问控制列表对数据报文进行过滤，并根据策略转发或丢弃数据报文，其设计简单且易于实现。但是包过滤不检查会话状态且不分析数据，攻击者可以使用假冒地址进行欺骗，然后通过防火墙。

1.2.2　代理防火墙

代理防火墙属于第二代防火墙。代理检查来自用户的请求，匹配安全策略后代表外部用户与真正的服务器建立连接，转发外部用户请求。代理防火墙安全性较高，但软件限制处理速度，同时需要为每一种应用开发对应的代理服务，开发周期长且升级困难。

1.2.3　状态检测防火墙

状态检测防火墙属于第三代防火墙。1994 年，网络安全厂商 Check Point 发布了第一台基于状态检测技术的防火墙。状态检测属于包过滤技术的延伸，对基于连接状态的数据报文进行检查时，它会考虑数据报文前后的关系，这意味着每个数据报文都不是独立存在的，而是前后有状态联系的。基于这样的状态联系，发展出了状态检测技术。状态检测防火墙通过动态分析激活的 TCP 会话和 UDP 会话状态采取动作，处理速度快且安全性高。

1.2.4　统一威胁管理防火墙

统一威胁管理（United Threat Management，UTM）防火墙属于新一代防火墙。除了具备基本防火墙功能外，它还将入侵检测、访问控制、防病毒、URL 过滤等功能集成于一身，实现全面的安全防护功能。

1.2.5　下一代防火墙

下一代防火墙（Next Generation Firewall，NGFW）概念在 2008 年由网络安全厂商 Palo Alto Networks 提出，最初的目的是解决 UTM 防火墙运行多个功能后性能下降的问题。2009 年 Gartner 对下一代防火墙重新进行了定义，明确了下一代防火墙除了具有 UTM 防火墙功能外，还可以基于用户、应用、内容进行管控。

1.3　华为 USG6000 系列防火墙介绍

华为 USG6000 系列防火墙于 2013 年 9 月正式发布，标志着华为防火墙进入一个新的发展阶段。同年，华为成为国内首家进入 Gartner 防火墙和 UTM 魔力象限的厂商。

1.3.1　精准的访问控制

华为 USG6000 系列防火墙将安全能力与应用识别进行深度融合,实现安全防护一体化,其应用识别经过 10 多年的积累,在业界排名第一。图 1-3-1 所示为安全能力与应用识别深度融合的 6 维控制,包括应用、内容、时间、用户、威胁和位置 6 个维度。

图 1-3-1

1.3.2　简单的策略管理

华为 USG6000 系列防火墙优化了策略的管理,即使是一名新的管理人员也可以轻松对策略进行调整,快速完成部署。同时,策略管理可以自动找出重复以及无用的策略,管理人员可以对其进行删除或调整。图 1-3-2 所示为系统预置安全策略模板以及系统预置应用类别和风险组。

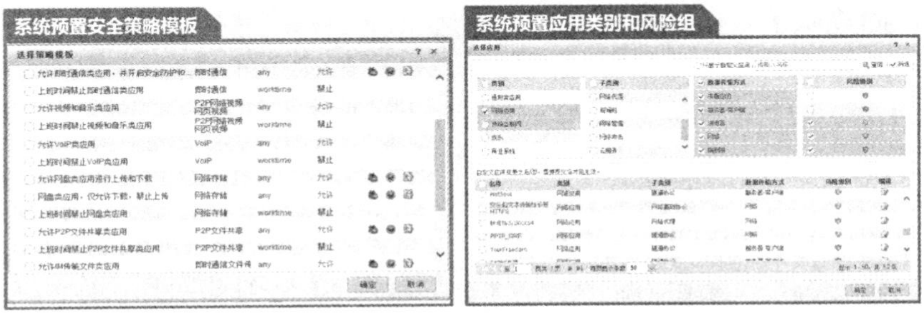

图 1-3-2

1.3.3　全面的威胁防护

华为 USG6000 系列防火墙能够提供全面的威胁防护，主要包括入侵检测、反病毒、识别伪装、文件过滤、URL 过滤、内容过滤、Qos 优化、SSL 加密等。图 1-3-3 所示为华为 USG6000 系列防火墙集成了企业所需要的各种防护功能以及 FORRESTER 最新报告。

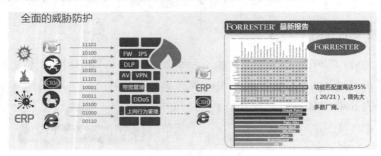

图 1-3-3

1.3.4　快速的性能体验

华为 USG6000 系列防火墙通过智能感知引擎（Intelligent Awareness Engine，IAE）能够快速地部署各种策略，提供高性能的全面防护功能。图 1-3-4 所示为全新的 IAE 引擎。

图 1-3-4

1.3.5　华为 USG6000 系列防火墙产品线

华为 USG 防火墙主要包括 USG2000 系列、USG5000 系列、USG6000 系列以及高端的 USG9000 系列。其中 USG2000、USG5000 系列属于入门级 UTM 防火墙产品，USG6000 系列属于下一代防火墙产品，USG9000 系列属于高端防火墙产品。

USG6000 系列防火墙作为市面主流防火墙，其产品线非常完善，从华为 USG6300 到 USG6600 有多个型号，如图 1-3-5 所示。企业可以根据实际情况进行选择，如果华为 USG6000 系列防火墙无法满足企业需求，可以考虑华为高端的 USG9000 系列防火墙。华为 USG9500 系列防火墙作为业界首款 T 级数据中心防火墙，成功通过美国 NSS 实验室测试，被评为业界最快防火墙。

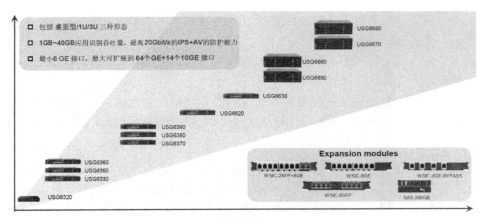

图 1-3-5

1.4 华为 USG 防火墙安全区域及策略介绍

无论是华为 USG 防火墙还是其他厂商的防火墙，都有安全区域的概念，理解并掌握安全区域的概念非常重要，并且这是配置防火墙必须掌握的知识点之一。

1.4.1 安全区域的基本概念

安全区域（Security Zone），通常称为区域（Zone）。一般来说，同一区域间的数据报文不使用安全策略进行控制，只有当数据报文在不同区域间传送时才会使用安全策略进行控制。

华为 USG 防火墙默认保留 4 个安全区域。

（1）本地（Local）区域：该区域代表防火墙本身，默认安全级别为 100。

（2）信任（Trust）区域：该区域一般用于定义内部网络，默认安全级别为 85。

（3）非信任（Untrust）区域：该区域一般用于定义非内部网络或互联网，默认安全级别为 5。

（4）隔离区域（DMZ）：该区域一般用于定义内部服务器所在的网络，默认安全级别为 50。

在生产环境中，可以根据实际情况定义多个区域，如果是较小的生产环境，可以直接使用默认的安全区域。需要注意的是，华为 USG 防火墙安全区域都有一个级别，该级别是唯一的，用数字 1～100 进行表示，数字越大，表示该区域的可信度越高。默认的安全级别是固定的，可以根据实际情况定义不同的安全级别。

其他厂商的防火墙可能不存在本地区域概念，而华为 USG 防火墙提供本地区域，代表防火墙本身，由防火墙主动发出的数据报文可理解为是从本地区域发出的。华为 USG 防火墙最多支持 32 个安全区域。

确定安全区域后，需要了解数据流入流出的方向。数据在安全区域之间流动一般分为两种情况。

（1）入方向：数据报文从低级别安全区域向高级别安全区域流动时为入方向。

（2）出方向：数据报文从高级别安全区域向低级别安全区域流动时为出方向。

1.4.2　安全区域与接口关系

定义好安全区域后，需要将防火墙接口划分到对应的安全区域，接口可以把安全区域与物理网络关联起来，这样才能对不同安全区域的访问进行控制。

在生产环境中，可以根据需要，将一个或多个接口划入不同的安全区域，一个安全区域可以包括一个或多个接口。另外，接口既可以是物理接口，也可以是逻辑接口，可以通过子接口或 VLAN IF 逻辑接口将同一物理接口所连接的不同网段划入不同的安全区域。特别注意，一个接口只能加入一个安全区域。

需要说明的是，本地区域不能添加任何接口，但防火墙所有接口依然属于系统预留本地区域。

1.4.3　安全策略的基本概念

安全策略就是控制规则，在匹配对应规则的情况下，不同安全区域的数据报文就可以交换。如果不匹配规则，数据报文将被丢弃。

生产环境中比较常见的应用是，Trust 区域访问 Untrust 区域，这时需要一条由 Trust 区域访问 Untrust 区域的安全策略（包括源地址、目的地址等多个参数）。当 Trust 区域数据报文到达防火墙后会匹配安全策略，如果成功匹配该策略，Trust 区域就可以访问 Untrust 区域；如果安全策略是拒绝，那么 Trust 区域就不能访问 Untrust 区域。

另外，安全策略还有顺序的概念。在两个安全区域转发数据报文时，会遵循从上到下的顺序逐条查找安全策略。如果匹配了一条安全策略，就会执行安全策略的动作（允许或拒绝），执行完成后不再向下查找安全策略；如果没有匹配安全策略，则会向下继续查找。

1.5　华为防火墙 NAT 介绍

网络地址转换（Network Address Translation，NAT）技术最早的应用是将私有网络 IP 地址转换为互联网 IP 地址，以减少对互联网 IP 地址的使用。

1.5.1　源 NAT 的基本原理

源 NAT 地址转换有多种方式，客户端访问互联网时，防火墙将私有网络 IP 地址转换为互联网 IP 地址，当回程数据报文返回防火墙时再将数据报文的目的地址由互联网 IP 转换为私有网络 IP 地址。源 NAT 技术是最常用的技术。比较常用的源 NAT 地址转换有 Easy-IP、NAPT、No-PAT 等。

（1）出接口地址转换（简称 Easy-IP）：内部客户端访问互联网时，会转换数据报文的 IP 地址，但转换后的 IP 地址只能为出接口 IP 地址。这种模式适用于多数环境，同时接口支持动态获取，例如 ADSL 线路。

（2）网络地址和端口转换（Network Address and Port Translation，NAPT）：内部客户端访问互联网时，会对网络地址以及端口进行转换。NAPT 也是在生产环境中使用比较广泛的源 NAT 技术。

（3）网络地址转换（No Port Address Translation，No-PAT）：内部客户端访问互联网时，不转换端口只转换 IP 地址，通常用于一些特殊环境。

1.5.2　NAT Server 的基本原理

NAT Server 是 NAT 技术的一种特殊应用。在生产环境中，内部网络中的服务器可能会提供给外部用户或合作企业访问，而这些服务器使用私有网络 IP 地址，通过 NAT 技术可以实现内部服务器地址到互联网 IP 地址的转换，让外部用户或合作企业可以通过互联网访问内部服务器，这种技术称为 NAT Server。

1.5.3　NAT 环境下的路由黑洞

路由黑洞是指数据报文在防火墙和路由器之间进行循环转发，产生路由环路，同时消耗设备的资源，导致设备无法正常工作。配置路由黑洞是为了避免数据报文的循环转发，使防火墙和路由器之间不产生环路。

当 NAT 地址池和互联网接口地址不在同一网段时，必须配置路由黑洞，避免防火墙和路由器之间产生环路。

当 NAT 地址池和互联网接口地址在同一网段时，建议配置路由黑洞，避免防火墙发送 ARP 数据报文，降低防火墙资源使用。

1.6　华为防火墙 VPN 介绍

虚拟专用网（Virtual Private Network，VPN）是利用互联网建立私有网络通道进行数据传递的网络，比直接使用互联网传递数据具有更高的安全性。

1.6.1　VPN 技术

VPN 技术出现之前,分支机构接入总部网络一般采取租用运营商提供的 SDH、MSTP 等专线,这类专线费用高、扩展性较差,且不太适合出差用户接入总部网络。VPN 技术出现后,企业可以使用低成本方案解决分支机构以及出差用户接入总部网络的问题。

1．VPN 建设方式

(1)企业自建:自建是最常见的建设方式,企业自行申请互联网线路以及自购设备,通过配置即可完成 VPN 建设。其优势是企业能够对 VPN 网络进行完全控制,后期扩容非常方便。

(2)租用:中国电信、中国联通等运营商均提供 VPN 租用服务,比较常见的是多协议标签交换(Multi-Protocol Label Switching,MPLS)虚拟专用网络。这种 VPN 线路主要参数由运营商配置,优势是比企业自建 VPN 相对稳定;缺点是费用较高,企业不能对 VPN 网络进行完全控制,后期扩容需要通过运营商完成。

2．VPN 组网方式

(1)点对点访问:也称为 Site-To-Site VPN,一般用于分支机构与总部进行连接。

(2)远程访问:也称为 Access VPN,一般用于出差用户访问总部网络,可以通过拨号方式连接到总部网络。

3．VPN 使用的主要技术

VPN 主要通过在互联网上建立隧道技术来实现。互联网本身的安全性较差,为保证数据传递的安全性,VPN 还需要使用其他技术来保证其安全性,主要技术包括隧道、认证、加密、密钥管理等。

(1)隧道技术。VPN 的关键就是使用隧道技术。隧道技术是指在隧道两端使用封装和解封装方式在互联网上建立一条私有网络通道,使用这条通道对数据报文进行传输。封装和解封装过程可以为原始数据报文提供安全防护功能。

隧道技术由隧道协议组成,可以分为第二层和第三层隧道协议,第二层隧道协议主要有 L2TP 等,第三层隧道协议主要有 IPSec 等。

(2)认证技术。认证技术主要分为数据认证技术和身份认证技术。

数据认证技术用于保证数据在网络传输过程中不被篡改,以保证数据的原始性。数据认证主要采用散列算法。

身份认证技术主要用于保证接入用户的合法性,主要采用用户名、密码以及 USB Key 认证方式。

（3）加密技术。加密技术就是把明文变成密文的过程。当数据被封装入隧道后立即进行加密，当数据到达对端后，由隧道对端对数据进行解密。

加密技术中比较常用的是对称加密和非对称加密。对称加密指的是加密和解密使用同一个密钥，比较常见的对称加密算法有 DES、3DES、AES、IDEA、RC2\RC4\RC5\RC6等；非对称加密指的是加密和解密使用两个不同的密钥，私钥用来保护数据，公钥用来检验发送者的真实性，比较常见的非对称加密算法有 MD5、SHA-1 等。

L2TP 协议不支持加密技术，IPSec VPN、SSL VPN 支持对数据报文和协议报文加密。

（4）密钥管理。密钥管理的主要作用是保证在互联网上传递的密钥不被窃取，这是数据加密技术中的重要环节。密钥管理主要包括密钥的产生、分配保存、更换销毁等环节。

1.6.2　GRE VPN 技术

通用路由封装协议（General Routing Encapsulation，GRE）是早期出现的 VPN 技术，能够实现数据报文在互联网隧道中进行封装和解封装，封装后的数据报文传输隧道称为Tunnel。

GRE VPN 封和解封装过程：在内部网络原始数据报文前添加 GRE 头，再在 GRE头前添加互联网 IP 地址头，这就是封装的过程；封装后数据报文就可以通过隧道在互联网上进行传递，当数据报文到达隧道对端后，会去掉互联网 IP 地址头、GRE 头信息，恢复原始数据报文。

GRE VPN 最大的问题在于数据报文采用明文，无法直接对其进行加密传输，因此，数据安全不能得到保证。

1.6.3　L2TP VPN 技术

第二层隧道协议（Layer Two Tunneling Protocol，L2TP）是为分支机构或者出差用户通过互联网访问总部网络设计的隧道协议。

L2TP VPN 主要由接入集中器以及网络服务器组成，L2TP VPN 早期应用是由运营商来建立 LAC，集中为企业用户提供 L2TP VPN 服务，同时配套提供认证以及计费等功能。随着互联网环境的变化，依靠运营商建立的方式已经被淘汰，企业可以自建 L2TP VPN网络，极大地降低了成本。

（1）L2TP 接入集中器（L2TP Access Concentrator，LAC）：LAC 是 L2TP VPN 接入的汇聚点，可以为 PPP 用户提供接入服务。

（2）L2TP 网络服务器（L2TP Network Server，LNS）：LNS 是部署在企业总部出口的网络服务器，既可以是 PPP 端系统，也可以是 L2TP 服务器端。

L2TP VPN 属于第二层 VPN 协议，其封装和解封装过程如下。

（1）封装过程：客户端 PPP 数据报文到达 LAC 时，封装 L2TP 头（包含用于标识该消息的隧道 ID 以及会话 ID）、UDP 头（用于标识上层应用，LNS 收到该数据报文时可以识别是 L2TP 数据报文）、互联网 IP 地址头（用于该数据报文在互联网转发）。

（2）解封装过程：当 LNS 收到 L2TP 数据报文后，首先检查互联网 IP 地址头和 UDP 头信息，再检查 L2TP 头信息，如果与已建立成功的 L2TP 隧道 ID 以及会话 ID 相同则解封装；如果不相同则丢弃，继续检查 PPP 头信息是否正确，对 PPP 头进行解封装，最后得到原始的数据报文，将数据报文送入上层进行处理。

L2TP VPN 比较常见的方式是基于客户端直接拨号和基于 LAC 拨号。

（1）客户端直接拨号 L2TP VPN（Client-Initialized VPN）：客户端接入互联网，通过 Windows 系统自带的 L2TP VPN 拨号软件或者使用华为 VPN 拨号软件拨号到 LNS 服务器，LNS 为其分配内部网络地址，允许用户接入内部网络。此方案适用于出差用户访问总部网络。

（2）LAC 拨号 L2TP VPN（NAS- Initialized VPN）：LAC 拨号 L2TP VPN 比客户端直接拨号 L2TP VPN 略为复杂一些，用户通过 L2TP VPN 拨号软件向 LAC 设备发起 PPP 或 PPPoE 连接，LAC 来判断用户是否是 L2TP 用户，如果是，则判断用户具体与哪个 LNS 服务器发起隧道连接，最后由 LNS 为其分配内部网络地址，允许用户接入内部网络。此方案适用于分支机构连接总部网络。

1.6.4　IPSec VPN 技术

无论是 GRE VPN 还是 L2TP VPN，虽然有一定的安全机制，但建立的隧道传输没有安全加密机制，数据报文在互联网传输过程中可能被窃取。IP 安全（IP Security）是 IETF 制定的安全协议，它为 IP 数据报文提供了基于密码学的安全保护机制。IPSec VPN 就是利用 IPSec 隧道建立的网络层 VPN，与 GRE VPN 和 L2TP VPN 相比，IPSec VPN 更加安全。

IPSec VPN 主要由验证头协议、封装安全载荷、网络密钥交换组成。其中验证头协议、封装安全载荷定义了协议格式以及提供的服务，能够提供数据完整性验证等功能，保障数据在传输过程中的机密性。网络密钥交换可以进行自动协商交换密钥等服务。在生产环境中，验证头协议和封装安全载荷可以单独使用，也可以同时使用。

（1）验证头协议（Authentication Header，AH）：AH 是数据报文验证头协议，能够对数据源进行验证，同时还能够对数据的完整性进行校验以及数据报文重放。AH 本身不加密数据，AH 协议号为 51。

（2）封装安全载荷（Encapsulate Security Payload，ESP）：ESP 是封装安全载荷协议，除了具有 AH 功能外，还能够对 IP 报文进行加密，ESP 协议号为 50。

（3）网络密钥交换（Internet Key Exchange，IKE）：IKE 用于自动协商 AH 和 ESP

所使用的加密算法。

IPSec VPN 有以下两种模式。

（1）传输模式（Transport Mode）：IPSec 处理模块在 IP 报文和上层协议报头之间插入 IPSec 报头，IP 报文中的协议字段会变为 IPSec 所使用的协议号（AH 或 ESP 协议号），然后重新计算 IP 报头校验和。传输模式一般用于主机安全网关或主机与主机间的通信。

（2）隧道模式（Tunnel Mode）：原始 IP 分组被封装为一个新的 IP 报文，在内部报头和外部报头之间插入 IPSec 报头，原 IP 地址被当作有效载荷的一部分受到 IPSec 保护。隧道模式一般用于主机安全网关与安全网关之间的通信。

IPSec VPN 使用加密算法来保证数据报文在传输过程不被窃取，常用的加密算法分为以下几类。

（1）DES（Data Encryption Standard）：使用 56 位密钥对明文进行加密，安全级别低。

（2）3DES（Triple Data Encryption Standard）：使用 3 个 56 位密钥（共 168 位密钥）对明文进行加密，安全级别中等。

（3）AES（Advanced Encryption Standard）：使用 128 位、192 位、256 位密钥对明文进行加密，安全级别高。

IPSec VPN 使用加密算法对数据报文进行加密，那么相应地需要使用验证算法来验证数据报文在传输过程中是否被篡改。验证算法主要通过杂凑函数实现，杂凑函数可以产生固定签名长度，如果两个签名长度一致，说明数据报文在传输过程中没有被篡改。常用的验证算法分为以下几类。

（1）MD5（Message Digest 5）：签名长度为 128 位，安全级别低。

（2）SHA-1（Secure Hash Algorithm 1）：签名长度为 160 位，安全级别中。

（3）SHA-2（Secure Hash Algorithm 2）：签名长度为 256 位（SHA2-256）、384 位（SHA2-384）、512 位（SHA2-512），安全级别高。

1.6.5　SSL VPN 技术

安全套接层（Security Socket Layer，SSL）是为应用层提供安全连接的安全协议。SSL 介于 TCP/IP 第四层与第七层之间，可以为 HTTP 提供安全连接。

SSL 协议是 Netscape 公司提出的基于客户端和服务器之间的 Web 应用安全通道协议，目前广泛使用的是 SSL 2.0 和 SSL 3.0，最新的版本有 TLS 1.0（也称为 SSL 3.1）、TLS 1.1 和 TLS 1.2。SSL 协议分为底层 SSL 记录协议和上层 SSL 握手协议。

（1）底层 SSL 记录协议（SSL Record Protocol）：对上层数据进行处理并进行加密传输。

（2）上层 SSL 握手协议（SSL Handshake Protocol）：使用公钥加密算法对密文进行传输。

SSL 协议广泛应用于电子商务、网上银行等领域，为互联网上数据的传输提供安全性保证。SSL 是一种在两台计算机之间提供安全通道的协议，它具有保护传输数据以及识别通信计算机的功能。到目前为止，SSL 协议有 3 个版本，其中 SSL 2.0 和 SSL 3.0 得到广泛的应用，IETF 基于 SSL 3.0 推出了 TLS 1.0 协议（也被称为 SSL 3.1）。随着 SSL 协议的不断完善，包括微软 IE 在内的越来越多的浏览器支持 SSL，SSL 协议成为应用最广泛的安全协议之一。除 Web 访问、TCP/UDP 应用之外，SSL VPN 还能够对 IP 通信进行保护。

SSL VPN 以 SSL 协议为基础，基于 B/S 架构，不需要使用客户端，只需要使用标准浏览器内置的 SSL 即可实现，属于新型 VPN 技术。同时，SSL VPN 不需要改变现有网络架构，不涉及 NAT 穿越等问题，可在企业中快速部署。

1.7　华为防火墙双机热备介绍

对于网络访问要求不是太高的企业来说，通常只部署一台防火墙提供各种服务，企业可以接受短暂的网络中断。但是，对于网络访问要求比较高的企业来说，网络出现中断的情况是不能接受的，这时会使用多个运营商的线路以及两台或多台防火墙来实现冗余备份，当一台设备或者一个运营商线路出现故障时，可以切换到另外一台设备的运营商线路不间断持续提供服务。

1.7.1　为什么使用双机热备技术

早期网络设计中，对于路由器或者防火墙来说，考虑冗余设计的不多，通常组网的方式是使用一条链路配置一台路由器或者防火墙作为出口，所有业务将通过这个出口，当这台设备或者链路出现故障时就会导致所有业务无法访问。

为避免这些问题，可以使用双机热备技术。在生产环境中可以配置两台防火墙（主备模式），防火墙之间使用心跳线连接，主防火墙转发数据，备用防火墙处于不转发状态，当主防火墙发生故障时就切换到备用防火墙提供服务，这是比较常用的主备模式。那么现在有一个问题，如果备用防火墙不转发就非常浪费，此时可以使用负载分担的双机热备模式，两台防火墙都转发数据，互为备份，这样不仅实现了冗余备份，还提高了防火墙的使用率。

1.7.2　VRRP 介绍

虚拟路由冗余协议（Virtual Router Redundancy Protocol，VRRP）是一种路由容错协议。在生产环境中，可以把两台或多台路由器创建为一个 VRRP 组，VRRP 组生成一个虚拟 IP 地址，客户端使用虚拟 IP 作为网关地址。VRRP 组中只有一台路由器处于活动（Active）状态，处于 Active 状态的路由器可以转发下一跳数据报文；其他设备处于备用（Standby）状态，处于 Standby 状态的路由器不能转发数据报文，Active 设备周期性向 VRRP 组中 Standby 设备发送 Hello 数据报文通知其自己的状态以及优先级。Active 状态的路由器出现故障的时候，Standby 状态的路由器会自动接替下一跳转发工作，从而保证网络不会出现中断的情况。

1.7.3　VGMP 介绍

VRRP 组管理协议（VRRP Group Management Protocol，VGMP）是用于管理 VRRP 组的协议。VGMP 通过统一控制来实现对多个 VRRP 组的管理，确保 VRRP 状态的一致性。

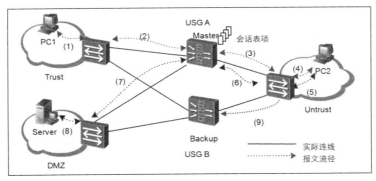

图 1-7-1

如图 1-7-1 所示，防火墙 USG A 和防火墙 USG B 使用 VRRP，两台设备状态一致时，防火墙 USG A 所有接口处于活动转发状态，防火墙 USG B 所有接口处于备用状态。

两台防火墙 VRRP 状态一致的情况下，PC1 访问 PC2 的路径为（1）→（2）→（3）→（4），防火墙 USG A 转发数据报文，生成会话表项。PC2 返回的数据报文经过（4）→（3）→（2）→（1）达到 PC1。

两台防火墙 VRRP 状态不一致的情况下，就可能存在问题。如果 USG B 与 Trust 区域相连的接口为备用状态，但与 Untrust 区域相连的接口为活动状态，则 PC1 的数据报文通过 USG A 设备到达 PC2 后，在 USG A 上会动态生成会话表项。PC2 返回的数据报文通过路线（4）→（9）返回。此时由于 USG B 上没有相应数据流的会话表项，在没有其他数据报文过滤规则允许通过的情况下，USG B 将丢弃该数据报文，导致会话中断。

为保证 VRRP 状态的一致性，华为使用 VGMP 来解决这个问题，将多个 VRRP 备份组都加入一个 VRRP 管理组，由管理组统一管理所有 VRRP 备份组。VGMP 通过统一控制 VRRP 备份组状态的切换，来保证管理组内的所有 VRRP 备份组状态保持一致。

当防火墙 VGMP 为 Active 状态时，组内所有 VRRP 备份组的状态统一为 Active 状态，所有数据报文都将从该防火墙上通过，该防火墙成为主防火墙。另外一台防火墙 VGMP 为 Standby 状态，该防火墙成为备用防火墙。同时，VGMP 通过定期发送 HELLO 报文来检测状态，VGMP HELLO 报文发送周期默认为 1 秒，当 Standby 状态的防火墙 3 个 HELLO 报文周期没有收到对端发送的 HELLO 报文时，会认为对端出现故障，从而将自己切换到 Active 状态。

1.8 本书实验物理设备和拓扑

为保证实验操作具有参考价值以及可复制性，同时最大程度地还原企业生产环境真实应用，本书所有实验不使用 eNSP 模拟器，而是使用全物理设备进行操作。

1.8.1 实验设备类型

实验环境使用华为 USG6320 防火墙、华为 S5720S-28P 交换机、华为 RH2285 服务器，设备的详细配置如表 1-8-1 所示。

表 1-8-1

设备名称	型号	配置	实验环境命名
防火墙	USG6320	桌面式防火墙，8 个 1Gbit/s 以太网接口	HFW1\HFW2\HFW3
交换机	S5720S-28P	24 个 1Gbit/s 以太网接口	HSW1\HSW2
服务器	RH2285	Intel Xeon E5-2403/96GB 内存/1TB SSD	

1.8.2 实验设备介绍

本实验指南主要涉及华为 USG 系列防火墙操作，华为交换机以及服务器介绍请参考华为官方网站。

1. 华为 USG6320 防火墙介绍

华为 USG6320 防火墙为桌面型 1U 产品，可安装至 19 英寸标准机柜，设备提供 1 个 Console 接口，8 个 10/100/1000Mbit/s 自适应接口，自适应接口编号为 GE0/0/0～GE0/0/7，其中 GE0/0/0/为带内管理口，默认 IP 地址为 192.168.0.1/24。设备采用固定接口，不支持扩展模块以及外置硬盘，设备正面如图 1-8-1 所示。

图 1-8-1

2. 华为 USG6370 防火墙介绍

华为 USG6370 防火墙为标准 1U 产品，可安装至 19 英寸标准机柜，设备提供固定接口以及可扩展接口，固定接口为 1 个 MGMT 管理接口以及 1 个 Console 接口，8 个 10/100/1000Mbit/s 自适应接口，编号为 GE0/1～GE0/7，默认 IP 地址为 192.168.0.1/24。设备提供 2 个 WSIC 扩展插槽以及外置硬盘，设备正面如图 1-8-2 所示，设备背面如图 1-8-3 所示。

图 1-8-2   图 1-8-3

1.8.3   实验拓扑

华为防火墙实验涉及防火墙、PC 客户端的操作，为保证实验的真实性及有效性，全部采用真实设备，详细拓扑如图 1-8-4 所示。

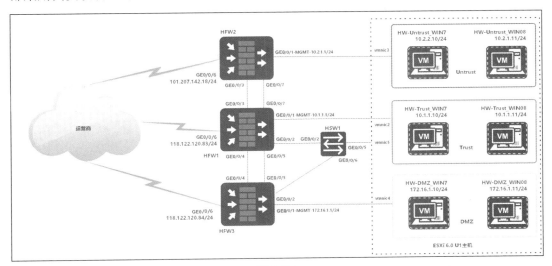

图 1-8-4

实验环境部署了 3 台华为 USG6320 防火墙，使用中国电信、中国联通互联网固定 IP 地址，同时使用华为 RH2285 服务器安装 VMware vSphere 6.0 系统，创建多台虚拟机用于实验。

1.8.4　实验台操作

本书中实验所使用的物理设备均托管于 IDC 机房，需通过远程桌面登录 IDC 管理设备进行实验操作，具体操作步骤如下。

第 1 步，使用 Windows 系统自带的远程桌面工具登录 IDC 机房 Windows 7 操作主机，操作主机已经安装实验所需软件，包括 VMware vSphere Client 客户端、SecureCRT 客户端以及浏览器等，如图 1-8-5 所示。

第 2 步，使用 VMware vSphere Client 客户端登录安全实验所使用的 ESXi 主机，实验用的基础虚拟机均已安装，如有额外需要可自行安装，如图 1-8-6 所示。

图 1-8-5

图 1-8-6

第 3 步，查看 ESXi 主机网络划分，可根据实验拓扑进行调整，如图 1-8-7 所示。

第 4 步，防火墙通过名为 HW-Inside_WIN7-10.1.1.10 的虚拟机进行操作，选中该虚拟机，单击鼠标右键，在弹出的快捷菜单中选择"打开控制台"，如图 1-8-8 所示。

图 1-8-7

图 1-8-8

第 5 步，登录名为 HW-Inside_WIN7-10.1.1.10 的虚拟机控制台，虚拟机上已安装好实验所用软件，如图 1-8-9 所示。

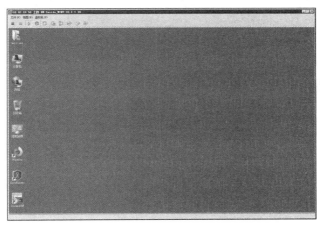

图 1-8-9

第 6 步，使用 SecureCRT 客户端连接 TS-2511 终端服务器控制台，该控制台同时连接所有设备的 Console 接口，如图 1-8-10 所示。

第 7 步，输入用户名和密码登录终端服务器控制台，如图 1-8-11 所示。

图 1-8-10

图 1-8-11

第 8 步，登录防火墙的 Console 接口，如图 1-8-12 所示。

图 1-8-12

第 9 步，如果终端服务器控制台没有反应，可以关闭电源再打开电源重启防火墙，如图 1-8-13 所示。

第 10 步，防火墙重新启动，终端服务器控制台显示启动信息，如图 1-8-14 所示。

图 1-8-13

图 1-8-14

第 11 步，对 HFW1 防火墙进行初始配置，配置带内管理接口，以便访问。

```
Username:admin        #默认用户名为 admin
Password:             #默认密码为 Admin@123
NOTICE:This is a private communication system.
        Unauthorized access or use may lead to prosecution.
<BDNETLAB-HFW1>system-view        #进入 system-view 视图
[BDNETLAB-HFW1]display current-configuration interface GE0/0/0  #查看GE0/0/0
配置信息
#
interface GigabitEthernet0/0/0
```

```
 alias GE0/MGMT
 ip address 192.168.0.1 255.255.255.0
 dhcp select interface
 dhcp server ip-range 192.168.0.1 192.168.0.254
 dhcp server mask 255.255.255.0
 service-manage http permit
 service-manage https permit
 service-manage ping permit
 service-manage ssh permit
 service-manage snmp permit
 service-manage telnet permit
 anti-ddos flow-statistic enable
 anti-ddos syn-flood source-detect alert-rate 100
#
return
[BDNETLAB-HFW1]interface GE0/0/0       #进入接口配置
[BDNETLAB-HFW1-GigabitEthernet0/0/0]ip address 10.1.1.1 24      #配置接口
#IP 地址
 [BDNETLAB-HFW1-GigabitEthernet0/0/0]display this  #查看当前接口配置
interface GigabitEthernet0/0/0
 alias GE0/MGMT
 ip address 10.1.1.1 255.255.255.0
 dhcp select interface
 dhcp server ip-range 192.168.0.1 192.168.0.254
 dhcp server mask 255.255.255.0
 dhcp server gateway-list 192.168.0.1
 service-manage http permit
 service-manage https permit
 service-manage ping permit
 service-manage ssh permit
 service-manage snmp permit
 service-manage telnet permit
 anti-ddos flow-statistic enable
 anti-ddos syn-flood source-detect alert-rate 100
 #
return
```

第 12 步，在虚拟机 HW-Inside_WIN7-10.1.1.10 控制台使用 ping 命令检查与 HFW1 防火墙的连通性，如图 1-8-15 所示。

第 13 步，使用浏览器登录 HFW1 防火墙，输入用户名和密码，如图 1-8-16 所示，输入后单击"登录"按钮。

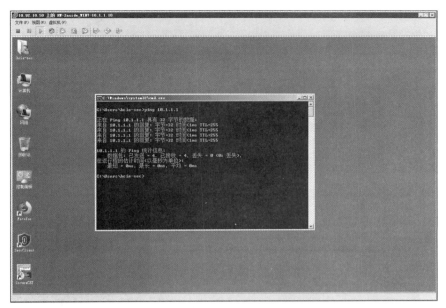

图 1-8-15

图 1-8-16

第 14 步，成功登录 HFW1 防火墙，如图 1-8-17 所示。

第 15 步，打开 HFW1 防火墙主面板，如图 1-8-18 所示。

至此，已实现对防火墙的基本访问操作，后续的实验均通过命令行或图形界面进行操作。

图 1-8-17

图 1-8-18

1.9　本章小结

　　本章介绍了华为防火墙的基础知识、实验所使用的物理设备、实验拓扑以及实验台操作等。基础实验部分通常使用 1 台华为 USG6320 防火墙，后续进阶实验部分会使用多台华为 USG 防火墙。熟悉基础操作是实验非常重要的环节，如果读者使用的实验环境有限，可访问华为官方网站下载 eNSP 软件进行模拟操作。

第 2 章
防火墙基本操作

本章介绍如何通过 Console、Web、Telnet、SSH 等方式登录华为 USG 防火墙进行基本操作，并介绍如何恢复防火墙密码以及其他日常配置。

本章要点
- 使用 Console 登录防火墙
- 使用 Web 登录防火墙
- 使用 Telnet 登录防火墙
- 使用 SSH 登录防火墙
- 恢复防火墙密码
- 防火墙其他日常配置

2.1 使用 Console 登录防火墙

对于全新华为 USG 防火墙，初始配置一般通过 Console 接口进行，恢复防火墙密码时也会使用 Console 接口，因此 Console 接口配置是必须掌握的知识点。

2.1.1 实验目的

使用 Console 接口连接至华为 USG6320 防火墙，对防火墙进行初始化配置，配置完成后实现对设备的基本管理。

2.1.2 实验设备

华为 USG6320 防火墙 1 台（简称 HFW1），管理 PC 1 台。

2.1.3　实验拓扑

确认管理 PC 通过 Console 接口连接到华为 USG6320 防火墙，实验拓扑如图 2-1-1 所示。

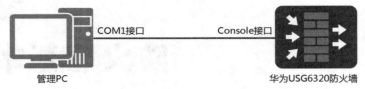

COM1接口　　　　　　　Console接口

管理PC　　　　　　　　　　　　华为USG6320防火墙

图 2-1-1

2.1.4　实验步骤

第 1 步，配置 Windows 系统自带的超级终端软件，端口参数参考图 2-1-2 进行配置，单击"确定"按钮。特别注意：使用 SecureCRT 客户端连接华为 USG 防火墙 Console 可能会出现无信息显示的情况，推荐使用 Windows 系统自带的超级终端软件。

第 2 步，打开防火墙电源时，系统会进行自检，如果终端软件配置正确，则会出现启动信息；如果未出现启动信息，请检查终端软件参数配置。

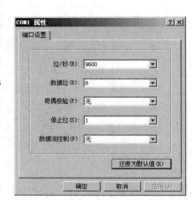

图 2-1-2

```
Com Init·······································OK
Enable L2 ECC·································OK
Enable L2 Index Aliasing·······OK
Enable L2 Early Fill·················OK
Measured DDR Clock 533 MHz·······OK
DDR Memory Size 2048 MB·········OK
DDR Config····································OK
Clear low ram·····························OK
Test SDRAM data bus··················OK
Test SDRAM address bus···········OK

Press 'y' or 'Y' to test sdram unit.
······　　#其他信息省略
```

第 3 步，启动完成后出现登录提示，防火墙默认用户名为 admin，默认初始密码为 Admin@123，初次登录时必须进行修改。

```
***************************************************
*          All rights reserved 2014-2017         *
*      Without the owner's prior written consent, *
```

```
* no decompiling or reverse-engineering shall be allowed.  *
* Notice:                                                  *
*       This is a private communication system.            *
*    Unauthorized access or use may lead to prosecution.   *
***********************************************************
NOTICE:The current configuration file may come from an earlier software
version, please check the current configuration to make sure that it is
correctly recovered!
User interface con0 is available
Please Press ENTER.
Login authentication

Username:admin          #输入默认用户名 admin
Password:               #默认初始密码为 Admin@123
NOTICE:This is a private communication system.
        Unauthorized access or use may lead to prosecution.
<USG6300>
For the sake of security, please modify the original password of the user.
Please input new password:**********          #修改密码为 Huawei@123
Please confirm new password:**********
<USG6300>
```

第 4 步，通过命令修改防火墙名称。

```
<USG6300>system-view                #进入系统视图
Enter system view, return user view with Ctrl+Z.
 [USG6300]sysname BDNETLAB-HFW1      #对防火墙进行重命名
 [BDNETLAB-HFW1]
```

第 5 步，配置防火墙管理接口，华为 USG6320 防火墙管理接口为 GigabitEthernet 0/0/0，默认管理 IP 地址为 192.168.0.1/24，修改 HFW1 防火墙 IP 地址为 10.1.1.1/24。

```
[BDNETLAB-HFW1]interface GigabitEthernet 0/0/0              #进入接口配置
[BDNETLAB-HFW1-GigabitEthernet0/0/0]ip address 10.1.1.1 24 #配置接口 IP 地址
[BDNETLAB-HFW1-GigabitEthernet0/0/0]display this           #查看当前接口配置
interface GigabitEthernet0/0/0
 alias GE0/MGMT      #默认别名为 MGMT 管理接口
 ip address 10.1.1.1 255.255.255.0
 dhcp select interface
 dhcp server ip-range 192.168.0.1 192.168.0.254
 dhcp server mask 255.255.255.0
 dhcp server gateway-list 192.168.0.1
 service-manage http permit      #默认 http 服务允许
 service-manage https permit     #默认 https 服务允许
 service-manage ping permit      #默认 ping 服务允许
 service-manage ssh permit       #默认 ssh 服务允许
```

```
service-manage snmp permit        #默认 snmp 服务允许
service-manage telnet permit      #默认 telnet 服务允许
anti-ddos flow-statistic enable
anti-ddos syn-flood source-detect alert-rate 100
#
return
```

2.2 使用 Web 登录防火墙

对于防火墙日常监控管理，使用频率较多的是 Web 方式，通过 Web 界面可以很直观地看到防火墙的各种状态，因此熟悉 Web 界面也是必须掌握的知识点。

2.2.1 实验目的

使用 Web 登录防火墙，熟悉防火墙 Web 操作界面。

2.2.2 实验设备

华为 USG6320 防火墙 1 台（简称 HFW1），管理 PC 1 台。

2.2.3 实验拓扑

实验拓扑如图 2-2-1 所示。

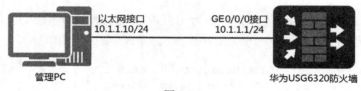

图 2-2-1

2.2.4 实验步骤

防火墙默认管理员 admin 具有 Web 登录权限，本节实验除使用默认管理员 admin 登录外，还将创建新的用户进行登录。

1. 默认管理员 admin 登录

第 1 步，在浏览器中输入 https://10.1.1.1:8443 登录防火墙，默认管理用户可直接登录，用户名为 admin，密码为 Huawei@123，如图 2-2-2 所示，输入后单击"登录"按钮。

推荐使用 Firefox 浏览器或 Chrome 浏览器。

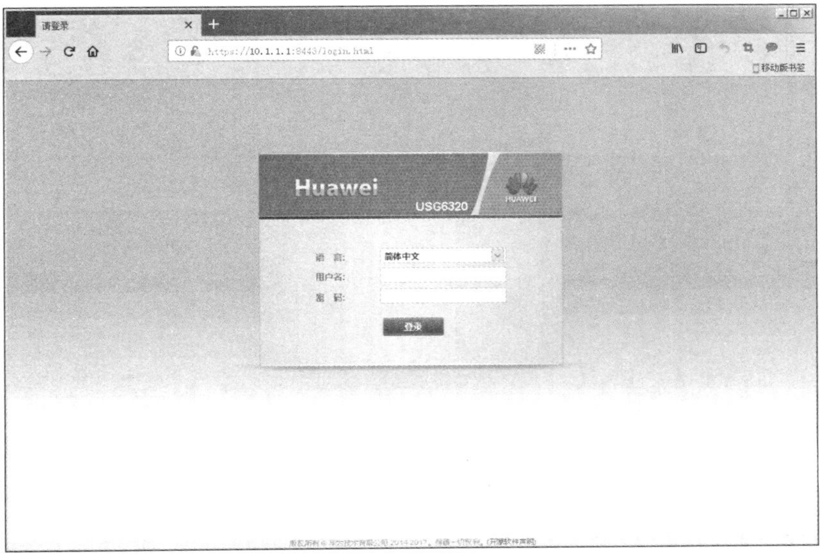

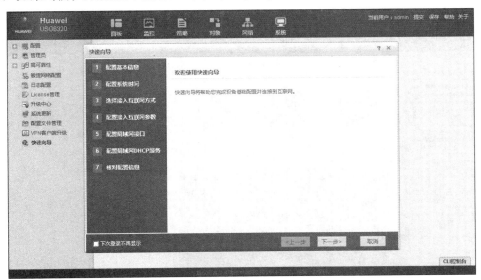

图 2-2-2

第 2 步，由于配置 Console 时已修改密码，登录后会出现快速向导配置界面，如图 2-2-3 所示，如果对防火墙配置不熟悉，可单击"下一步"按钮使用快速向导进行配置。

图 2-2-3

第 3 步，进入快速向导配置界面中的配置基本信息，如图 2-2-4 所示，单击"下一步"按钮继续配置，单击"取消"按钮结束快速向导配置。

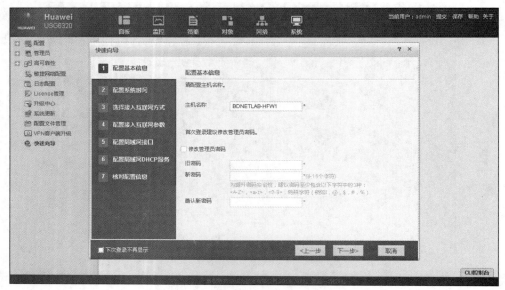

图 2-2-4

第 4 步，查看防火墙面板，分左右两侧进行显示。需要说明的是，左侧选项为灰色表示已经在右侧显示，如果不需要显示，可关闭选项，如图 2-2-5 所示。

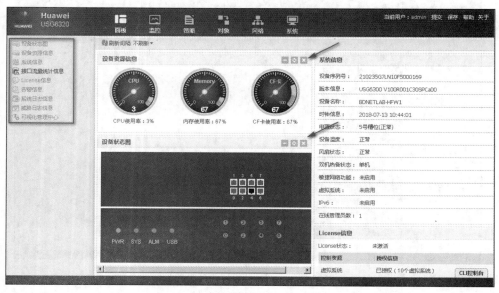

图 2-2-5

第 5 步，关闭所有选项后，左侧选项显示正常，右侧为空，如图 2-2-6 所示。如需继续显示，单击左侧选项即可。

图 2-2-6

第 6 步，查看防火墙监控，可对会话、流量等进行监控，如图 2-2-7 所示。

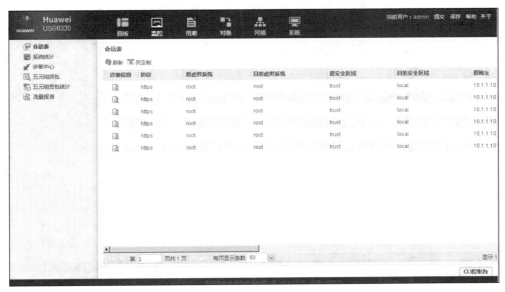

图 2-2-7

第 7 步，查看防火墙策略，可对防火墙策略进行配置，如图 2-2-8 所示。

图 2-2-8

第 8 步，查看防火墙对象，可对各种对象进行配置，如图 2-2-9 所示。

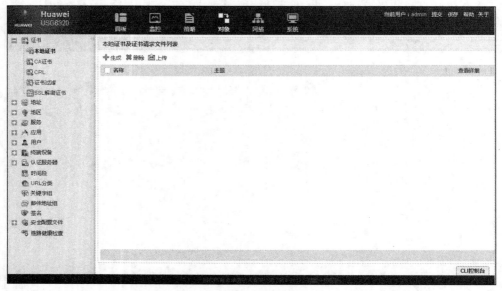

图 2-2-9

第 9 步，查看防火墙网络，可对网络进行配置，如图 2-2-10 所示。

图 2-2-10

第 10 步，查看防火墙系统，可对系统进行配置，如图 2-2-11 所示。

图 2-2-11

第 11 步，单击"CLI 控制台"按钮可在浏览器中打开命令行操作界面，然后可以使用命令管理以及配置防火墙，如图 2-2-12 所示。

图 2-2-12

2．新建用户登录

（1）命令行配置模式

第 1 步，使用命令启用 Web 服务端口 443。

```
[BDNETLAB-HFW1]web-manager security enable port 443
Web server has been enabled,please disable it first!
```

第 2 步，配置 GigabitEthernet 0/0/0 接口，启用 https 服务。

```
[BDNETLAB-HFW1]interface GigabitEthernet 0/0/0
[BDNETLAB-HFW1-GigabitEthernet0/0/0]service-manage enable
[BDNETLAB-HFW1-GigabitEthernet0/0/0]service-manage https permit
```

第 3 步，将启用 https 服务的接口划入 trust 区域。

```
[BDNETLAB-HFW1]firewall zone trust          #配置防火墙安全区域
[BDNETLAB-HFW1-zone-trust]add interface GigabitEthernet 0/0/0
[BDNETLAB-HFW1-zone-trust]quit
[BDNETLAB-HFW1]display zone name trust       #查看防火墙安全区域信息
trust
```

```
priority is 85
interface of the zone is (1):
    GigabitEthernet0/0/0
```

第 4 步，创建新的用户登录防火墙。

```
[BDNETLAB-HFW1]aaa                                            #进入用户配置
[BDNETLAB-HFW1-aaa]manager-user webuser                       #创建新的用户
[BDNETLAB-HFW1-aaa-manager-user-webuser]password              #配置新用户密码
Enter Password:
Confirm Password:
[BDNETLAB-HFW1-aaa-manager-user-webuser]level 3              #配置安全级别
[BDNETLAB-HFW1-aaa-manager-user-webuser]service-type web    #用户启用 web
```

第 5 步，使用浏览器访问防火墙，登录时使用新创建的 webuser 用户名和密码，如图 2-2-13 所示。如果配置错误，将无法访问防火墙。

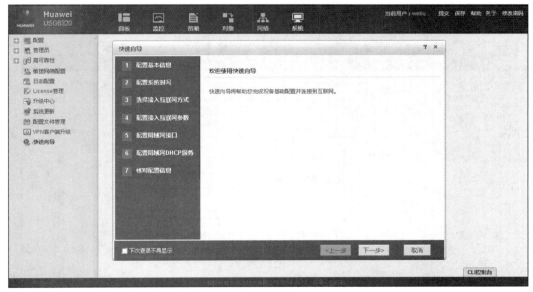

图 2-2-13

（2）图形界面配置模式

第 1 步，登录防火墙图形界面，选择管理员选项中的设置，勾选 HTTP 服务，如图 2-2-14 所示，单击"应用"按钮。

第 2 步，选择网络，将别名为 GE0/MGMT 的接口划入 trust 区域，如图 2-2-15 所示，单击"确定"按钮。

图 2-2-14

图 2-2-15

第 3 步，修改接口参数，勾选 HTTP 以及 HTTPS，如图 2-2-16 所示，单击"确定"按钮。

图 2-2-16

第 4 步，新建管理员，在高级选项中勾选 WEB，如图 2-2-17 所示，单击"确定"按钮。

图 2-2-17

第 5 步，使用创建的 webuser 用户访问防火墙，如图 2-2-18 所示。如果配置错误，将无法访问防火墙。

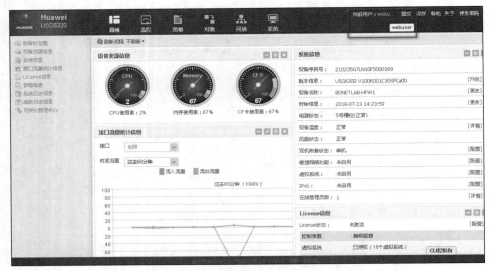

图 2-2-18

2.3　使用 Telnet 登录防火墙

使用 Telnet 登录防火墙进行管理是比较传统的方式，但是需要注意 Telnet 采用明文传送信息容易被破解。

2.3.1　实验目的

使用 Telnet 登录防火墙。

2.3.2　实验设备

华为 USG6320 防火墙 1 台（简称 HFW1），管理 PC 1 台。

2.3.3　实验拓扑

实验拓扑如图 2-3-1 所示。

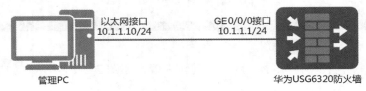

图 2-3-1

2.3.4　实验步骤

使用 Telnet 登录防火墙实验采用命令行以及图形界面两种模式，其结果相同。

1.　命令行配置模式

第 1 步，使用命令启用 telnet 服务。

```
[BDNETLAB-HFW1]telnet server enable        #启用 telnet 服务
Info: Start Telnet server. Telnet is not a secure protocol, and it is
recommended to use Stelnet.
```

第 2 步，配置 GigabitEthernet 0/0/0 接口启用 telnet 服务，默认管理接口已启用 telnet 服务。

```
[BDNETLAB-HFW1]interface GigabitEthernet 0/0/0
[BDNETLAB-HFW1-GigabitEthernet0/0/0]service-manage enable
[BDNETLAB-HFW1-GigabitEthernet0/0/0]service-manage telnet permit
```

第 3 步，将启用 telnet 服务的接口划入 trust 区域。

```
[BDNETLAB-HFW1]firewall zone trust            #配置防火墙安全区域
[BDNETLAB-HFW1-zone-trust]add interface GigabitEthernet 0/0/0
[BDNETLAB-HFW1-zone-trust]quit
[BDNETLAB-HFW1]display zone name trust        #查看防火墙安全区域信息
trust
 priority is 85
 interface of the zone is (1):
     GigabitEthernet0/0/0
```

第 4 步，创建新的用户登录防火墙。

```
[BDNETLAB-HFW1]aaa                                      #进入用户配置
[BDNETLAB-HFW1-aaa]manager-user telnetuser             #创建新的用户
[BDNETLAB-HFW1-aaa-manager-user-telnetuser]password    #配置新用户密码
Enter Password:
Confirm Password:
[BDNETLAB-HFW1-aaa-manager-user-telnetuser]level 3     #配置安全级别
[BDNETLAB-HFW1-aaa-manager-user-telnetuser]service-type telnet   #配置启
用 telnet
Warning: The user access modes include Telnet or FTP, so security risks
exist.
```

第 5 步，使用客户端访问防火墙，登录时使用新创建的 telnetuser 用户名和密码，如

图 2-3-2 所示。如果配置错误，将无法访问防火墙。

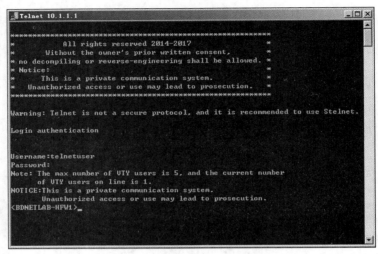

图 2-3-2

2. 图形界面配置模式

第 1 步，登录防火墙图形界面，选择系统，在管理员参数设置中，勾选 Telnet 服务，如图 2-3-3 所示，单击"应用"按钮。

图 2-3-3

第 2 步，选择网络，将别名为 GE0/MGMT 的接口划入 trust 区域，如图 2-3-4 所示，单击"确定"按钮。

图 2-3-4

第 3 步，修改接口参数，勾选 Telnet，如图 2-3-5 所示，单击"确定"按钮。

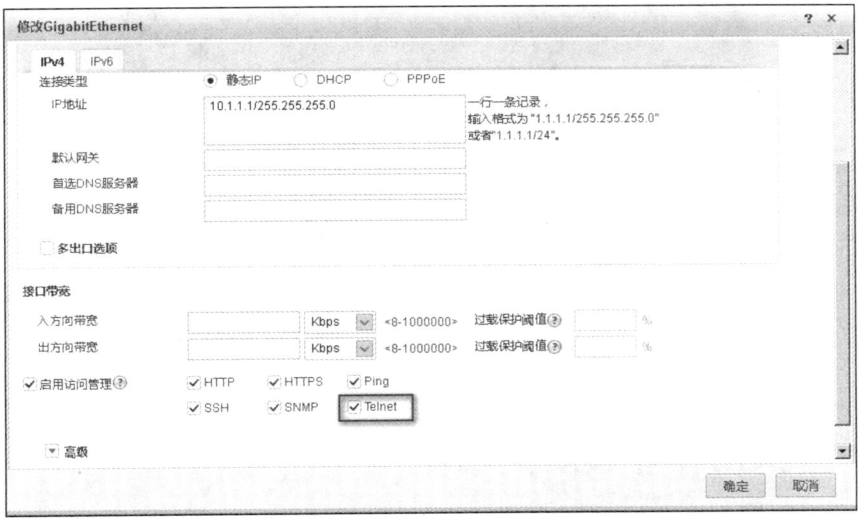

图 2-3-5

第 4 步，新建管理员，在高级选项中勾选 Telnet，如图 2-3-6 所示，单击"确定"按钮。

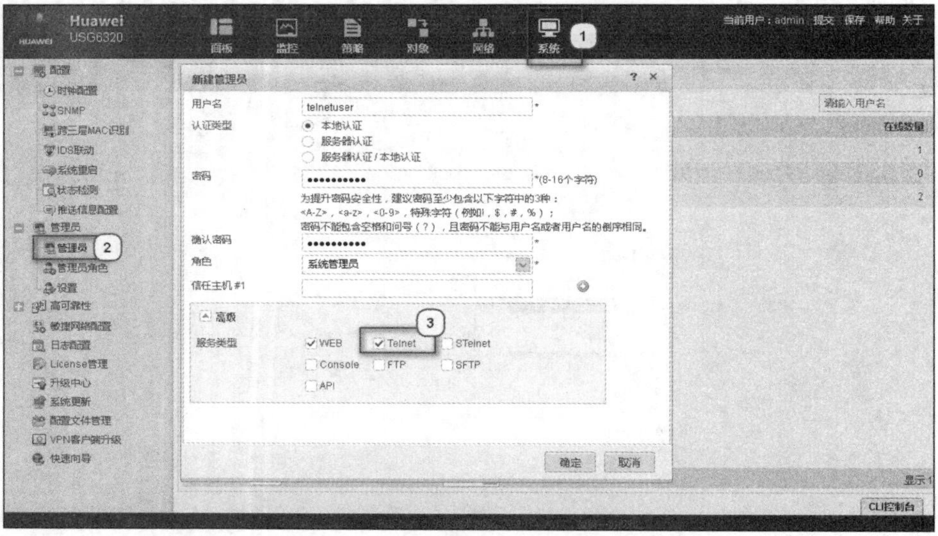

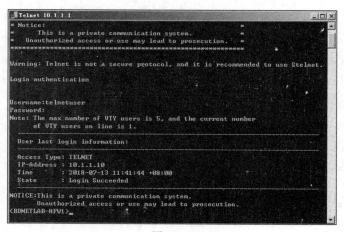

图 2-3-6

第 5 步，使用客户端访问防火墙，登录时使用新创建的 telnetuser 用户名和密码，登录成功后提示访问类型为 TELNET，如图 2-3-7 所示。如果配置错误，将无法访问防火墙。

图 2-3-7

2.4　使用 SSH 登录防火墙

在生产环境中，完成华为 USG 防火墙初始化后，日常监控管理如果不使用图形界面，推荐使用 SSH 方式。与 Telnet 不同的是，SSH 采用加密方式传送信息，其加密方式几乎不可被破解，所以安全性比较高。

2.4.1　实验目的

使用 SSH 登录防火墙。

2.4.2　实验设备

华为 USG6320 防火墙 1 台（简称 HFW1），管理 PC 1 台。

2.4.3　实验拓扑

实验拓扑如图 2-4-1 所示。

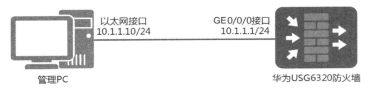

图 2-4-1

2.4.4　实验步骤

使用 SSH 登录防火墙实验采用命令行以及图形界面两种模式，其结果相同。

1．命令行配置模式

第 1 步，使用命令启用 stelnet 服务。在华为防火墙中，stelnet 代表 ssh 服务。

```
[BDNETLAB-HFW1]stelnet server enable        #启用 stelnet 服务
Info: Succeeded in starting the Stelnet server.
```

第 2 步，配置 GigabitEthernet 0/0/0 接口启用 ssh 服务。

```
[BDNETLAB-HFW1]interface GigabitEthernet 0/0/0
[BDNETLAB-HFW1-GigabitEthernet0/0/0]service-manage enable
[BDNETLAB-HFW1-GigabitEthernet0/0/0]service-manage ssh permit
```

第 3 步，将 GigabitEthernet 0/0/0 接口划入 trust 区域。

```
[BDNETLAB-HFW1]firewall zone trust              #配置防火墙安全区域
[BDNETLAB-HFW1-zone-trust]add interface GigabitEthernet 0/0/0
[BDNETLAB-HFW1-zone-trust]quit
```

```
[BDNETLAB-HFW1]display zone name trust          #查看防火墙安全区域信息
trust
 priority is 85
 interface of the zone is (1):
     GigabitEthernet0/0/0
```

第 4 步，配置线路认证。

```
[BDNETLAB-HFW1]user-interface vty 0 4                    #配置 vty 线路
[BDNETLAB-HFW1-ui-vty0-4]authentication-mode aaa      #配置认证模式为 aaa
Warning: Please check whether the level of the user-interface(s) and
AAA users is correct.
```

第 5 步，创建新的用户登录防火墙。

```
[BDNETLAB-HFW1]aaa                                        #进入用户配置
[BDNETLAB-HFW1-aaa]manager-user sshuser                   #创建新的用户
[BDNETLAB-HFW1-aaa-manager-user-sshuser]level 3           #配置安全级别
[BDNETLAB-HFW1-aaa-manager-user-sshuser]service-type ssh #配置启用 ssh
[BDNETLAB-HFW1-aaa-manager-user-sshuser]ssh authentication-type password
#配置认证使用 password 模式
[BDNETLAB-HFW1-aaa-manager-user-sshuser]password          #配置新用户密码
Enter Password:
Confirm Password:
[BDNETLAB-HFW1-aaa-manager-user-sshuser]quit
```

第 6 步，创建认证所需要的本地密钥对。

```
[BDNETLAB-HFW1]rsa local-key-pair create        #创建认证所需要的本地密钥对
The key name will be: BDNETLAB-HFW1_Host
RSA keys defined for BDNETLAB-FW1_Host already exist.
Confirm to replace them? [y/n]:y                #确认替换密钥
The range of public key size is (512 ~ 2048).
NOTES: A key shorter than 2048 bits may cause security risks.
        The generation of a key longer than 512 bits may take several
minutes.
Input the bits in the modulus[default = 2048]:    #确认使用 2048 位密钥
Generating keys...
...................+++
.......+++
........+++++++
..........+++++++
```

第 7 步，配置 SecureCRT 客户端使用 SSH2 协议访问防火墙，连接参数如图 2-4-2
所示，单击"连接"按钮。

第 8 步，SecureCRT 客户端会新建主机密钥，如图 2-4-3 所示，单击"接受并保存"按钮。

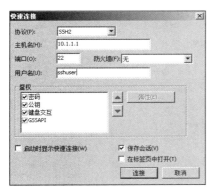

图 2-4-2

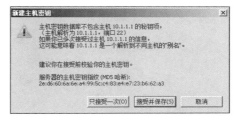

图 2-4-3

第 9 步，SecureCRT 客户端要求输入登录防火墙的用户名和密码，如图 2-4-4 所示，单击"确定"按钮。

第 10 步，成功登录防火墙，其访问类型为 SSH，如图 2-4-5 所示。如果配置错误，将无法访问防火墙。

图 2-4-4

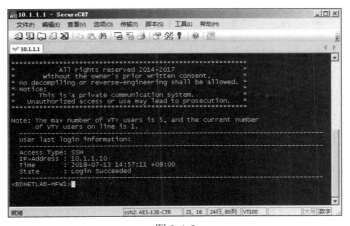

图 2-4-5

2．图形界面配置模式

第 1 步，登录防火墙图形界面，选择系统，在管理员参数设置中，勾选 STelnet 服务，如图 2-4-6 所示，单击"应用"按钮。

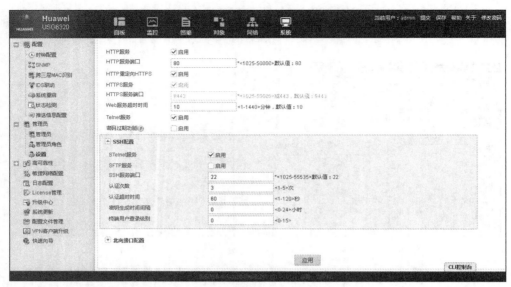

图 2-4-6

第 2 步，修改接口参数，将别名为 GE0/MGMT 的接口划入 trust 区域，如图 2-4-7 所示，单击"确定"按钮。

图 2-4-7

第 3 步，新建管理员，在高级选项中勾选 STelnet，SSH 认证方式选择 PASSWORD，如图 2-4-8 所示，单击"确定"按钮。

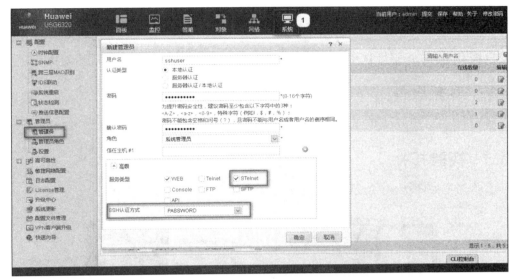

图 2-4-8

第 4 步，成功登录防火墙，其访问类型为 SSH，如图 2-4-9 所示。如果配置错误，将无法访问防火墙。

图 2-4-9

2.5 恢复防火墙密码

华为 USG 防火墙密码的保管非常重要，在生产环境中可能由于工作交接或其他原因导致无法使用密码登录防火墙进行管理，这种情况就会使用恢复防火墙密码方式。注意：恢复防火墙密码需要使用 Console 接口。

2.5.1 实验目的

使用 Console 接口连接至华为 USG6320 防火墙，对防火墙进行密码恢复操作。

2.5.2 实验设备

华为 USG6320 防火墙 1 台（简称 HFW1），管理 PC 1 台。

2.5.3 实验拓扑

实验拓扑如图 2-5-1 所示。

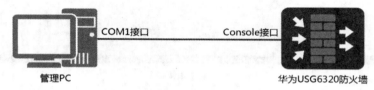

图 2-5-1

2.5.4 实验步骤

防火墙密码恢复只能在命令行模式下进行操作。

第 1 步，使用 Console 接口连接到防火墙，打开防火墙电源或重启防火墙，当出现"Press Ctrl+B to enter main menu... "提示时按 Ctrl+B 组合键，此时系统会要求输入密码，默认密码为"O&m15213"。

```
*************************************************************
*                                                         *
*                       N G F W                           *
*                                                         *
*************************************************************
Base Bootrom Ver: 062 Sep 7 2017 09:55:53
Extended Bootrom Ver: 062 Sep 21 2017 14:58:19
CPLD BigVer: 02
CPLD SmlVer: 00 2015-03-19
PCB Ve: SUE1MPUB REV A
BOM Ver: 000
CPU L2 Cache: 2048 KB
```

```
CPU Core Frequency: 1000 MHz
BUS Frequency: 600 MHz
Mem Size: 2048 MB

Press Ctrl+B to enter main menu... 2   #按 Ctrl+B 组合键
Password: ********
For the sake of security, please modify the original password.
```

第 2 步，进入防火墙扩展主菜单，该菜单有多个选项，如果不需要保留原防火墙配置，可以选择 6 恢复出厂状态，本次实验需要保留原防火墙配置，所以选择 2。

```
===================< Extend Main Menu >===================
| <1> Boot System                                        |
| <2> Set Startup Application Software and Configuration  |
| <3> File Management Menu...                             |
| <4> Load and Upgrade Menu...                            |
| <5> Modify Bootrom Password                             |
| <6> Reset Factory Configuration                         |
| <0> Reboot                                              |
| ------------------------------------------------------- |
| Press Ctrl+T to Enter Manufacture Test Menu...          |
| Press Ctrl+Z to Enter Diagnose Menu...                  |
==========================================================
Enter your choice(0-6): 2
```

第 3 步，出现选择菜单，选项 1 为修改配置，选项 2 为退出，本次操作选择 1 进行修改配置。

```
Current boot application software: <hda1:/usg6000v100r001c30spca00.bin>
Current boot configuration: <hda1:/vrpcfg.zip>

<1> Modify setting
<0> Quit
Enter your choice (0-1): 1
```

第 4 步，系统加载原配置文件，保持默认，直接按回车键，然后在选择启动配置文件处按照提示输入"."号，用于从默认值启动。

```
File(s) in hda1:

1:hda1:/suempua07v1r1c30.bin                  170014779 bytes
2:hda1:/sym.tar.gz                            24150818 bytes
3:hda1:/hostkey                               1268 bytes
4:hda1:/serverkey                             548 bytes
5:hda1:/lic_presis.dat                        156 bytes
6:hda1:/private-data.txt                      61 bytes
7:hda1:/vrpcfg.zip                            2157 bytes
```

```
 8:hda1:/url_backup.sdb                          647552 bytes
 9:hda1:/userinfo.db                             2768 bytes
10:hda1:/temp.sdb.sa_desc.sdb.6.1515408102       331408 bytes
11:hda1:/usg6000v100r001c30spca00.bin            172819343 bytes
12:hda1:/temp.sdb.sa_desc.sdb.5.1531502172       376368 bytes
13:hda1:/conf/vg-private-c10.dat                 0 bytes
14:hda1:/logo/&logo&.png                         3629 bytes
15:hda1:/logo/&logo&.ico                         1150 bytes
16:hda1:/logo/&welcome&.txt                      7 bytes
17:hda1:/logo/&title&.txt                        7 bytes
18:hda1:/isp/china-mobile.csv                    700 bytes
19:hda1:/isp/china-telecom.csv                   53366 bytes
20:hda1:/isp/china-unicom.csv                    9040 bytes
21:hda1:/isp/china-educationnet.csv              4666 bytes
22:hda1:/svndb/system/structinfo.txt            6836 bytes
23:hda1:/svndb/system/vtnameinfo.db             2048 bytes
24:hda1:/svndb/system/syslog.db                 2048 bytes
25:hda1:/svndb/system/admin.db                  2048 bytes
26:hda1:/svndb/system/alarm.db                  2048 bytes
27:hda1:/uldb/ulsystem/uldb.db                  32768 bytes
28:hda1:/vpnclient/vcversion.ini                165 bytes
29:hda1:/sysinfo/cpuusage_a.txt                 90013 bytes
30:hda1:/sysinfo/sess_info_a.txt                10487467 bytes
31:hda1:/sysinfo/trace_info.txt                 924 bytes
32:hda1:/sysinfo/sess_info_b.txt                2622775 bytes
Total size: 615792640 bytes.
Free  size: 201555968 bytes.

File(s) in hda2:

1:hda2:/app_bak.bin       172819343 bytes
2:hda2:/keylog/log_1431620612.txt               2102103 bytes
3:hda2:/keylog/log_1531013918.txt               2099401 bytes
4:hda2:/keylog/log_1531074642.txt               2099570 bytes
5:hda2:/keylog/log_1531135248.txt               1875653 bytes
Total size: 204292096 bytes.
Free  size: 23273472 bytes.

Input the name of application software(eg: hda1:/sup.bin):    #保持默认

Input the name of configuration or '.' to clear setting(eg: hda1:/vrpcfg.
zip):.  #输入 "." 号
Modifed configuration successful.
Next boot configuration: NULL
```

第 5 步，保存好原配置文件后会返回扩展主菜单，输入 1，让防火墙重新启动。

```
===================< Extend Main Menu >===================
| <1> Boot System                                         |
| <2> Set Startup Application Software and Configuration   |
| <3> File Management Menu...                              |
| <4> Load and Upgrade Menu...                             |
| <5> Modify Bootrom Password                              |
| <6> Reset Factory Configuration                          |
| <0> Reboot                                               |
| ------------------------------------------------------- |
| Press Ctrl+T to Enter Manufacture Test Menu...          |
| Press Ctrl+Z to Enter Diagnose Menu...                  |
===========================================================
Enter your choice(0-6): 1
```

第 6 步，防火墙未加载原配置文件启动，未加载原配置文件用户名为 admin，密码恢复为初始状态 Admin@123，登录时会强制修改密码。

```
Reading < hda1:/usg6000v100r001c30spca00.bin > .....................
Reading package done.
Message: check update ExtendBootrom...
Present externdbootrom version is valid
Message: check update Basebootrom...
Decompressing .....................OK
Present basebootrom version is valid
Decompressing .....................OK
Starting at 0x480000...

......      #省略部分启动信息

************************************************************
*          All rights reserved 2014-2017               *
*       Without the owner's prior written consent,      *
* no decompiling or reverse-engineering shall be allowed. *
* Notice:                                               *
*       This is a private communication system.         *
*    Unauthorized access or use may lead to prosecution. *
************************************************************

NOTICE:The current configuration file may come from an earlier software
version, please check the current configuration to make sure that it is
```

```
correctly recovered!

User interface con0 is available

Please Press ENTER.

Login authentication
Username:admin
Password:
NOTICE:This is a private communication system.
        Unauthorized access or use may lead to prosecution.
<USG6300>
First time login or password is overtime, Please change your password.
Please input new password:**********
Please confirm new password:**********
<USG6300>
```

第7步，此时防火墙为初始化状态，可以修改管理接口 IP 地址后使用浏览器连接防火墙进行操作，如图 2-5-2 所示，单击"取消"按钮退出快速向导配置模式。

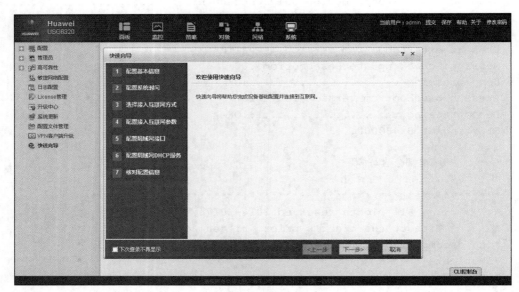

图 2-5-2

第8步，在系统中查看配置文件信息，可以看到下次启动配置文件为 NULL，如图 2-5-3 所示，单击"选择"按钮。

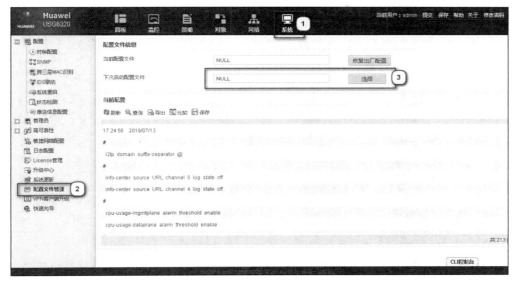

图 2-5-3

第 9 步，打开配置文件管理，可以看到保留的配置文件，如图 2-5-4 所示。下载原配置文件后，再删除保留的配置文件。

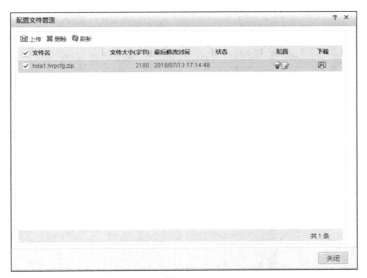

图 2-5-4

第 10 步，用记事本打开原配置文件，找到 manager-user admin 字段，用当前配置替换，如图 2-5-5 所示。

图 2-5-5

第 11 步，将修改后的配置文件重新上传，如图 2-5-6 所示，单击"导入"按钮。

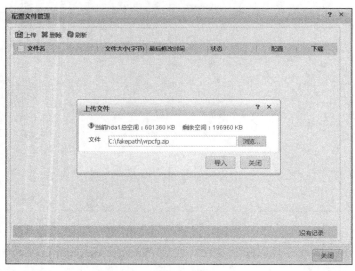

图 2-5-6

第 12 步，修改后的配置文件上传成功，如图 2-5-7 所示，单击"确定"按钮。

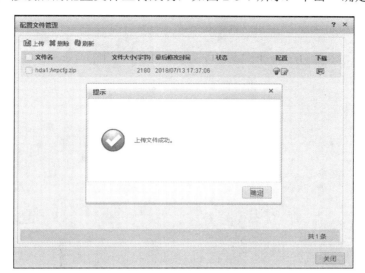

图 2-5-7

第 13 步，单击配置下灯泡形状的按钮，将该文件设置为下次启动配置文件，如图 2-5-8 所示，单击"确定"按钮。

图 2-5-8

第 14 步，修改后的配置文件状态为下次启动配置文件，说明设置下次启动成功，如图 2-5-9 所示，单击"关闭"按钮。

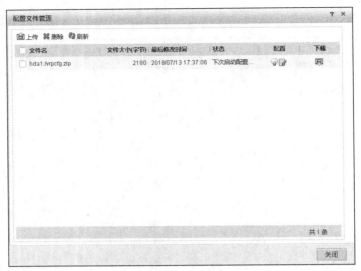

图 2-5-9

第 15 步，确认下次启动配置文件使用的是修改后的配置文件，如图 2-5-10 所示。

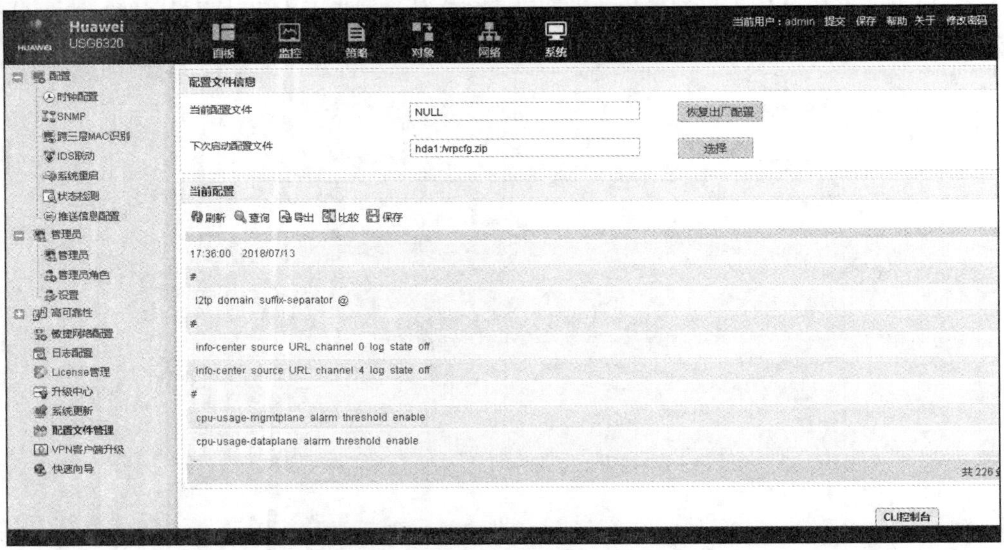

图 2-5-10

第 16 步，重启防火墙，如图 2-5-11 所示，单击"保存并重启"按钮。

第 17 步，重启防火墙并登录后查看之前创建的信息，原信息正常，说明配置文件恢复成功，如图 2-5-12 所示。

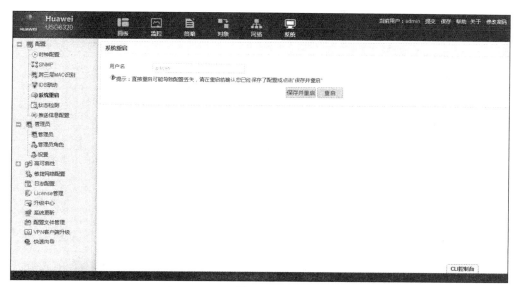

图 2-5-11

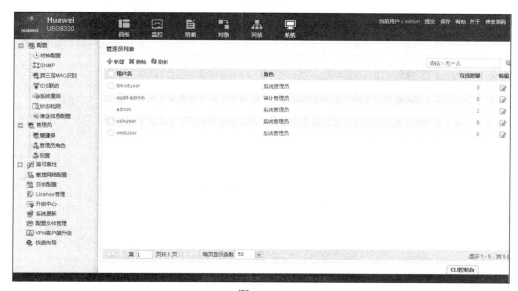

图 2-5-12

2.6 防火墙其他日常配置

掌握华为 USG 防火墙各种登录配置后，还需要了解一些比较常用的配置，例如

SNMP 服务器、日志服务器等配置。

2.6.1 实验目的

配置防火墙 SNMP 服务器、日志服务器、时间、License。

2.6.2 实验设备

华为 USG6320 防火墙 1 台（简称 HFW1），管理 PC 1 台。

2.6.3 实验拓扑

实验拓扑如图 2-6-1 所示。

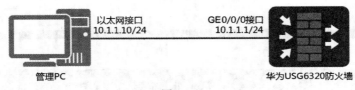

图 2-6-1

2.6.4 实验步骤

防火墙其他日常配置实验采用命令行以及图形界面两种模式，其结果相同。

1. 命令行配置模式

第 1 步，配置防火墙 SNMP 服务器。

```
<BDNETLAB-HFW1>system-view
Enter system view, return user view with Ctrl+Z.
[BDNETLAB-HFW1]snmp-agent trap enable          #启用 snmp trap 功能
[BDNETLAB-HFW1]snmp-agent sys-info version ?   #防火墙支持多种 snmp 模式
  all   Enable the device to support SNMPv1, SNMPv2c and SNMPv3
  v1    Enable the device to support SNMPv1
  v2c   Enable the device to support SNMPv2c
  v3    Enable the device to support SNMPv3
[BDNETLAB-HFW1]snmp-agent sys-info version v3        #配置 snmp 版本为 v3
[BDNETLAB-HFW1]snmp-agent community read Huawei@123 #配置 snmp 只读团体名
[BDNETLAB-HFW1]snmp-agent community write Huawei@123 #配置 snmp 读写团体名
[BDNETLAB-HFW1]snmp-agent target-host trap address udp-domain 10.92.10.
41 params securityname Huawei@123 v3                 #配置 snmp trap 服务器
```

```
[BDNETLAB-HFW1]display snmp-agent statistics          #查看 snmp 状态
    0 Messages delivered to the SNMP entity
    0 Messages which were for an unsupported version
    0 Messages which used a SNMP community name not known
    0 Messages which represented an illegal operation for the community
supplied
    0 ASN.1 or BER errors in the process of decoding
    0 Messages passed from the SNMP entity
    0 SNMP PDUs which had badValue error-status
    0 SNMP PDUs which had genErr error-status
    0 SNMP PDUs which had noSuchName error-status
    0 SNMP PDUs which had tooBig error-status
    0 MIB objects retrieved successfully
    0 MIB objects altered successfully
    0 GetRequest-PDU accepted and processed
    0 GetNextRequest-PDU accepted and processed
    0 GetResponse-PDU accepted and processed
    0 SetRequest-PDU accepted and processed
    0 Trap-PDU accepted and processed
    0 Inform-PDU sent
    0 Inform-PDU received with no acknowledgement
    0 Inform-PDU received with acknowledgement

[BDNETLAB-HFW1]display snmp-agent sys-info            #查看 snmp 系统信息
    The contact person for this managed node:
            R&D Huawei Technologies Co.,Ltd.
    The physical location of this node:
            China
    SNMP version running in the system:
            SNMPv2c SNMPv3

[BDNETLAB-HFW1]display snmp-agent target-host         #查看 snmp trap 服务器
Target-host NO. 1
----------------------------------------------------------------
    IP-address: 10.92.10.41
    VPN instance: -
    Security name: Huawei@123
    Port: 162
    Type: trap
    Version: v3
    Level: No authentication and privacy
    NMS type:
----------------------------------------------------------------
```

第 2 步，配置防火墙日志服务器。

```
[BDNETLAB-HFW1]info-center enable                        #启用日志服务功能
Info: Information center is enabled
[BDNETLAB-HFW1]info-center loghost 10.92.10.41          #配置日志服务器地址
[BDNETLAB-HFW1]info-center loghost source GigabitEthernet 0/0/0 #配置源接口

[BDNETLAB-HFW1]display info-center                      #查看日志服务器信息
Information Center:enabled
Log host:
        the interface name of the source address:GigabitEthernet0/0/0
  ip : 10.92.10.41, port : 514,
  channel number: 2, channel name: loghost
  language english , host facility local7
Console:
 channel number: 0, channel name: console
Monitor:
 channel number: 1, channel name: monitor
SNMP Agent:
 channel number: 5, channel name : snmpagent
Log buffer:
        enabled,max buffer size 1024, current buffer size 1024,
current messages 77, channel number: 4, channel name : logbuffer
dropped messages 0, overwritten messages 0
Trap buffer:
        enabled,max buffer size 1024, current buffer size 1024,
current messages 6, channel number:3, channel name:trapbuffer
dropped messages 0, overwritten messages 0
logfile:
        channel number: 9, channel name : channel9, language : english
Information timestamp setting:
        log - date, trap - date, debug - boot
 Sent messages = 5092, Received messages = 5092
 IO Reg messages = 0 IO Sent messages = 0
```

第 3 步，配置防火墙时间。

```
[BDNETLAB-HFW1]quit                     #退出全局配置
<BDNETLAB-HFW1>clock datetime ?         #配置防火墙时间，注意格式
  HH:MM:SS  Specify the time
[BDNETLAB-HFW1]display clock             #查看防火墙时间
```

```
2018-07-31 10:27:47
Tuesday
Time Zone : Beijing add 08:00:00
```

第 4 步，防火墙 license 配置涉及导入文件，推荐使用图形界面进行配置，可通过命令行方式查看。

```
[BDNETLAB-HFW3]display license          #查看防火墙 license 信息
Device ESN is: 210235G7LN10G4000332
No file activated
The trial time when activated is: 2018/07/11
The trial time when expired is: 2018/09/09
Virtual System: 10
SSL VPN Concurrent User: 100
Content Security Group: Disabled
Encryption Function: Disabled
IPS: Enabled; trial service expire time: 2018/09/09
Anti Virus: Enabled; trial service expire time: 2018/09/09
URL Filter: Enabled; trial service expire time: 2018/09/09
```

2. 图形界面配置模式

第 1 步，登录防火墙图形界面，选择系统，配置 SNMP，勾选 SNMP，选择 SNMP 版本，输入 SNMP 只读团体名、SNMP 读写团体名、Trap 等信息，如图 2-6-2 所示，单击"应用"按钮。

图 2-6-2

第 2 步，选择 SNMP 版本时推荐使用 v3 版本，它具有更高的安全性，如图 2-6-3 所示，单击"应用"按钮。

图 2-6-3

第 3 步，配置防火墙时间，如图 2-6-4 所示，单击"应用"按钮。

图 2-6-4

第 4 步，防火墙支持从 NTP 服务器同步时间，需要配置 NTP 服务器 IP 地址，如图 2-6-5 所示，单击"应用"按钮。

图 2-6-5

第 5 步，配置防火墙日志服务，输入日志主机 IP 地址、端口、发送接口等信息，如图 2-6-6 所示，单击"应用"按钮。

图 2-6-6

第 6 步，购买防火墙的时候如果没有购买额外许可，可以使用防火墙的基本功能；如果要使用入侵防御、反病毒、URL 过滤等功能，需要购买单独的许可，可以试用后再购买。特别注意，一台防火墙的试用功能仅能试用一次，如图 2-6-7 所示。

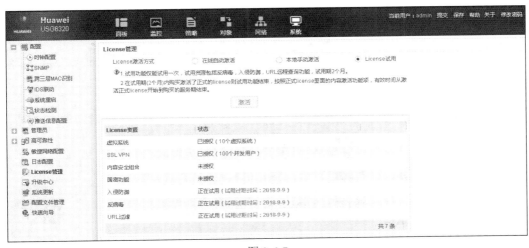

图 2-6-7

2.7　本章小结

本章介绍了华为 USG 防火墙的各种登录方式、恢复防火墙密码以及其他日常配置，作为管理人员，必须熟悉配置各种登录方式。需要注意的是，由于 Telnet 方式采用明文传送数据，在生产环境中不推荐使用，推荐使用安全级别更高的 https 或 SSH 方式。

第 3 章
配置防火墙转发策略

防火墙转发策略是配置防火墙的基础，区域间转发策略配置会对内外部通信产生影响。本章介绍防火墙转发策略配置。

本章要点
- 配置基本转发策略
- 配置基于 IP 地址的转发策略

3.1 配置基本转发策略

对华为 USG 防火墙来说，最基本的配置是让防火墙自身可以访问互联网或者外部网络。

3.1.1 实验目的

配置 HFW1 防火墙 GE0/0/6 接口（互联网接口）以及基本转发策略，确保虚拟机 HW-Inside_WIN7 可以访问互联网。

3.1.2 实验设备

华为 USG6320 防火墙 1 台（简称 HFW1），虚拟机 HW-Inside_WIN7。

3.1.3 实验拓扑

实验拓扑如图 3-1-1 所示。

3.1.4 实验步骤

防火墙基本转发策略实验采用命令行以及图形界面两种模式，其结果相同。

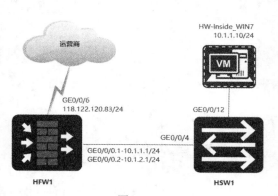

图 3-1-1

1. 命令行配置模式

第 1 步，配置 HFW1 防火墙 GigabitEthernet 0/0/6 接口 IP 地址和网关。

```
<BDNETLAB-HFW1>system-view
[BDNETLAB-HFW1]interface GigabitEthernet 0/0/6              #选择配置的接口
[BDNETLAB-HFW1-GigabitEthernet0/0/6]ip address 118.122.120.83 24  #配置IP地址
[BDNETLAB-HFW1-GigabitEthernet0/0/6]gateway 118.122.120.1     #配置网关
[BDNETLAB-HFW1-GigabitEthernet0/0/6]quit
```

第 2 步，将 GigabitEthernet 0/0/6 接口添加到 untrust 区域。

```
[BDNETLAB-HFW1]firewall zone untrust              #进入防火墙 untrust 区域配置
[BDNETLAB-HFW1-zone-untrust]add interface GigabitEthernet 0/0/6  #将接口
添加到区域
 [BDNETLAB-HFW1-zone-untrust]display this    #查看当前配置
firewall zone untrust
 set priority 5     #区域安全值，值越小可信度越低
 add interface GigabitEthernet0/0/6
#
return
```

第 3 步，配置基本的安全转发策略。

```
[BDNETLAB-HFW1]security-policy                        #安全策略配置
[BDNETLAB-HFW1-policy-security]rule name to_internet  #对安全策略进行命名
[BDNETLAB-HFW1-policy-security-rule-to_internet]source-zone trust #定义源区域
[BDNETLAB-HFW1-policy-security-rule-to_internet]destination-zone untrust
#定义目标区域
 [BDNETLAB-HFW1-policy-security-rule-to_internet]source-address 10.1.1.0 24
#定义源地址
 [BDNETLAB-HFW1-policy-security-rule-to_internet]destination-address any
#定义目标地址
 [BDNETLAB-HFW1-policy-security-rule-to_internet]action permit    #执行动
作为 permit
 [BDNETLAB-HFW1-policy-security-rule-to_internet]display this
 #
 rule name to_internet
  source-zone trust
  destination-zone untrust
  source-address 10.1.1.0 mask 255.255.255.0
  action permit
```

```
#
return
[BDNETLAB-HFW1-policy-security-rule-to_internet]quit
[BDNETLAB-HFW1]ping 118.122.120.1    #ping 互联网网关
  PING 118.122.120.1: 56 data bytes, press CTRL_C to break
    Reply from 118.122.120.1: bytes=56 Sequence=1 ttl=255 time=1 ms
    Reply from 118.122.120.1: bytes=56 Sequence=2 ttl=255 time=1 ms
    Reply from 118.122.120.1: bytes=56 Sequence=3 ttl=255 time=1 ms
    Reply from 118.122.120.1: bytes=56 Sequence=4 ttl=255 time=1 ms
    Reply from 118.122.120.1: bytes=56 Sequence=5 ttl=255 time=1 ms
  --- 118.122.120.1 ping statistics ---
    5 packet(s) transmitted
    5 packet(s) received
    0.00% packet loss
    round-trip min/avg/max = 1/1/1 ms
```

第 4 步，打开虚拟机 HW-Inside_WIN7 控制台，使用 ping 命令检测互联网连通性，此时状态为请求超时，如图 3-1-2 所示。其原因是 NAT 处于禁止状态。

图 3-1-2

第 5 步，使用浏览器打开网页，此时无法访问网页，如图 3-1-3 所示。其原因是 NAT 处于禁止状态。

图 3-1-3

第 6 步，配置基本的 NAT 策略，NAT 策略其他配置后续章节会进行介绍。

```
[BDNETLAB-HFW1]nat-policy                              #NAT 策略配置
[BDNETLAB-HFW1-policy-nat]rule name to_internet        #对 NAT 策略进行命名
[BDNETLAB-HFW1-policy-nat-rule-to_internet] destination-zone untrust
#定义目标区域
[BDNETLAB-HFW1-policy-nat-rule-to_internet] action nat easy-ip     #执行动
作为 easy-ip
[BDNETLAB-HFW1-policy-nat]display this
#
nat-policy
 rule name to_internet
  destination-zone untrust
  action nat easy-ip
#
return
```

第 7 步，使用 ping 命令检测互联网连通性，状态正常，如图 3-1-4 所示。

第 8 步，使用浏览器打开网页，状态正常，如图 3-1-5 所示。

图 3-1-4

图 3-1-5

第 9 步，使用命令可以看到通过防火墙访问互联网的会话列表。

```
[BDNETLAB-HFW1]display firewall session table
Current Total Sessions: 7
  https VPN:public --> public 10.1.1.10:52432-->10.1.1.1:8443
  udp VPN:public --> public 185.244.25.152:56783-->118.122.120.83:53413
  https VPN:public --> public 10.1.1.10:52477[118.122.120.83:2051]-->
192.0.77.32:443
  https VPN:public --> public 10.1.1.10:52430-->10.1.1.1:8443
  https VPN:public --> public 10.1.1.10:52478[118.122.120.83:2050]-->
192.0.73.2:443
  udp VPN:public --> public 185.244.25.187:40438-->118.122.120.83:53413
  https VPN:public --> public 10.1.1.10:52484[118.122.120.83:2050]-->
192.0.76.3:443
```

2. 图形界面配置模式

第 1 步，登录防火墙图形界面，选择 GE0/0/6 接口进行编辑，如图 3-1-6 所示。

图 3-1-6

第 2 步，修改接口参数，选择安全区域为 untrust，配置 IP 地址，如图 3-1-7 所示，单击"确定"按钮。

第 3 步，完成 GE0/0/6 接口 IP 地址的配置，如图 3-1-8 所示。

第 4 步，查看安全策略，默认策略处于禁止状态，如图 3-1-9 所示。

图 3-1-7

图 3-1-8

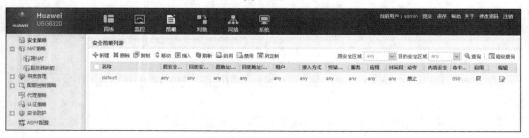

图 3-1-9

第 5 步，新建安全策略 to_internet，主要参数为 any，如图 3-1-10 所示，单击"确定"按钮。

图 3-1-10

第 6 步，完成安全策略 to_internet 的创建，如图 3-1-11 所示。

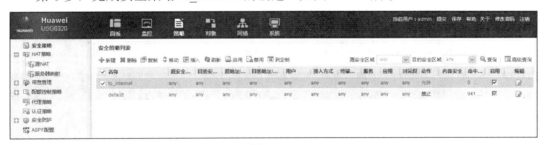

图 3-1-11

第 7 步，选择 NAT 策略中的源 NAT，默认策略处于禁止状态，如图 3-1-12 所示。

图 3-1-12

第 8 步，新建源 NAT 策略 to_internet，源安全区域为 any，目的类型为出接口，其他主要参数为 any，如图 3-1-13 所示，单击"确定"按钮。

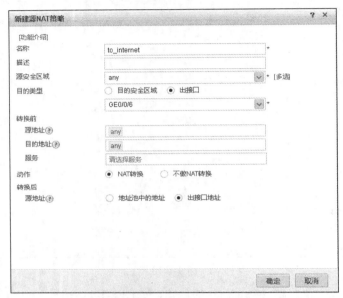

图 3-1-13

第 9 步，完成源 NAT 策略 to_internet 的创建，如图 3-1-14 所示。

图 3-1-14

第 10 步，选择监控中的会话表，可以看到通过防火墙访问互联网的会话列表，如图 3-1-15 所示。

至此，防火墙基本转发策略配置完成，在生产环境中安全策略不能直接使用 any，需要根据企业的网络环境对源安全区域、目的安全区域、源地址、目的地址等进行配置，以便保证网络的安全性。

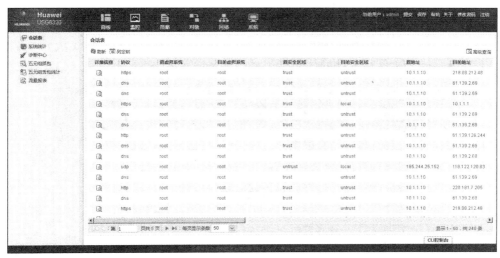

图 3-1-15

3.2 配置基于 IP 地址的转发策略

在生产环境中，可能需要限制某些 IP 地址不能访问互联网，也就是配置 IP 地址转发策略。掌握基本的 IP 地址转发策略是后续学习的基础。

3.2.1 实验目的

配置 HFW1 防火墙，允许虚拟机 HW-Inside_WIN7 访问互联网，拒绝虚拟机 HW-Trust_WIN7 访问互联网。

3.2.2 实验设备

华为 USG6320 防火墙 1 台（简称 HFW1），虚拟机 HW-Inside_WIN7 和虚拟机 HW-Trust_WIN7。

3.2.3 实验拓扑

实验拓扑如图 3-2-1 所示。

3.2.4 实验步骤

防火墙基于 IP 的转发策略实验采用命令行以及图形界面两种模式，其结果相同。

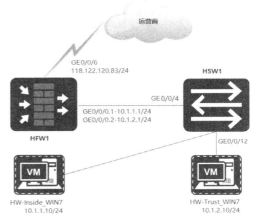

图 3-2-1

1．命令行配置模式

第 1 步，参考 3.1 节配置好防火墙 HFW1，确认虚拟机 HW-Inside_WIN7 和虚拟机 HW-Trust_WIN7 均可访问互联网，如图 3-2-2、图 3-2-3 所示。

图 3-2-2

图 3-2-3

第 2 步，配置拒绝访问的 IP 地址。

```
[BDNETLAB-HFW1]ip address-set deny_ip type object              #进入对象配置
[BDNETLAB-HFW1-object-address-set-deny_ip]address 10.1.2.10 0 #配置单个IP地址
[BDNETLAB-HFW1-object-address-set-deny_ip]quit
```

第 3 步，配置拒绝访问互联网的安全策略。

```
[BDNETLAB-HFW1]security-policy
[BDNETLAB-HFW1-policy-security]rule name deny_internet
[BDNETLAB-HFW1-policy-security-rule-deny_internet]source-address address-
set deny_ip #调用拒绝访问的IP地址
[BDNETLAB-HFW1-policy-security-rule-deny_internet]action deny #执行动作
为 deny
[BDNETLAB-HFW1-policy-security-rule-deny_internet]display this
#
 rule name deny_internet
  source-address address-set deny_ip
  action deny
```

第 4 步，配置允许访问互联网的安全策略。

```
[BDNETLAB-HFW1]security-policy
[BDNETLAB-HFW1-policy-security]rule name permit_internet
[BDNETLAB-HFW1-policy-security-rule-permit_internet]source-address 10.
1.1.10 24
[BDNETLAB-HFW1-policy-security-rule-permit_internet]action permit
[BDNETLAB-HFW1-policy-security-rule-permit_internet]display this
#
 rule name permit_internet
  source-address 10.1.1.0 mask 255.255.255.0
  action permit
```

第 5 步，验证安全策略是否生效，虚拟机 HW-Inside_WIN7 可以访问互联网，如图 3-2-4 所示。

第 6 步，虚拟机 HW-Trust_WIN7 无法访问互联网，说明 IP 地址转发策略生效，如图 3-2-5 所示。

第 7 步，使用命令查看拒绝访问互联网的安全策略，收集到 233 条匹配的信息。

```
[BDNETLAB-HFW1]display security-policy rule deny_internet
  (233 times matched)
```

```
rule name deny_internet
 source-address address-set deny_ip
 action deny
```

图 3-2-4

图 3-2-5

2. 图形界面配置模式

第 1 步，登录防火墙图形界面，选择对象中的地址，如图 3-2-6 所示。

图 3-2-6

第 2 步，新建地址，如图 3-2-7 所示，单击"确定"按钮。

图 3-2-7

第 3 步，名为 deny_ip 的地址创建完成，如图 3-2-8 所示。

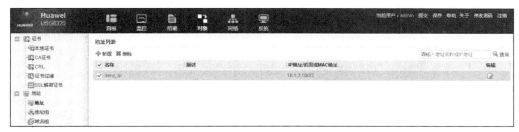

图 3-2-8

第 4 步，按照上述方法创建名为 permit_ip 的地址，如图 3-2-9 所示。

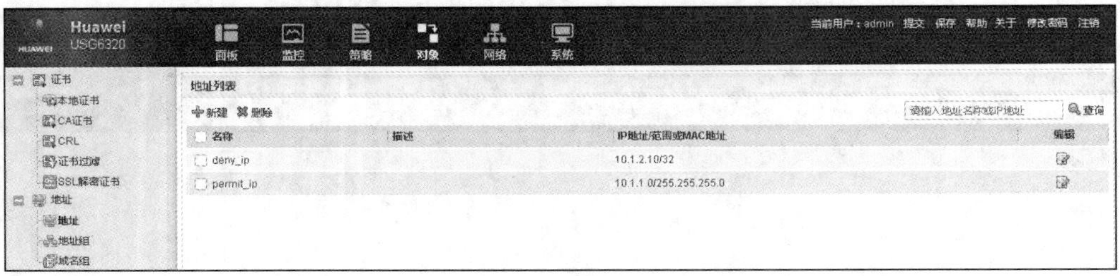

图 3-2-9

第 5 步，新建安全策略 deny_internet，源地址调用 deny_ip，其他主要参数为 any，如图 3-2-10 所示，单击"确定"按钮。

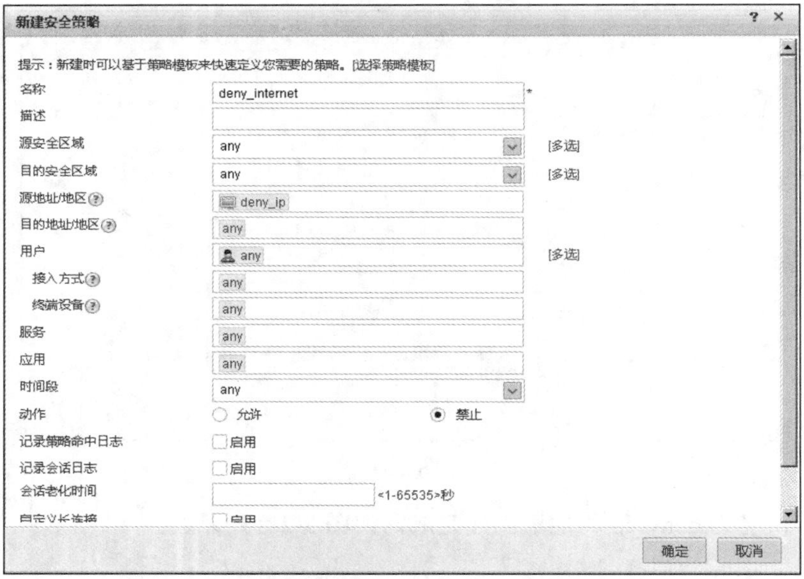

图 3-2-10

第 6 步，新建安全策略 permit_internet，源地址调用 permit_ip，其他主要参数为 any，如图 3-2-11 所示，单击"确定"按钮。

第 7 步，基于 IP 地址的转发策略创建完成，如图 3-2-12 所示。

第 8 步，验证安全策略是否生效，虚拟机 HW-Inside_WIN7 可以访问互联网，如图 3-2-13 所示。

图 3-2-11

图 3-2-12

图 3-2-13

第 9 步，虚拟机 HW-Trust_WIN7 无法访问互联网，说明 IP 地址转发策略生效，如图 3-2-14 所示。

图 3-2-14

第 10 步，删除安全策略 deny_ip，修改 permit_ip 地址，将源 deny_ip 地址池中的地址添加到 permit_ip 地址池中，如图 3-2-15 所示，单击"确定"按钮。

图 3-2-15

第 11 步，虚拟机 HW-Trust_WIN7 可以访问互联网，再次证明基于 IP 地址转发的安全策略生效，如图 3-2-16 所示。

图 3-2-16

3.3 本章小结

本章介绍了华为 USG 防火墙基本的安全策略配置,通过基本的安全策略可以让客户端访问互联网以及通过基于 IP 地址控制访问互联网,安全策略的细节参数应根据生产环境实际情况进行配置。理解并掌握基本的防火墙安全策略配置是深入学习的基础。

第 4 章
配置使用 NAT

NAT 地址转换在生产环境中属于基本的配置，客户端访问互联网或其他应用都需要使用 NAT 地址转换技术。本章介绍 NAT 地址转换的各种配置。

本章要点

- 配置出接口地址源 NAT 转换
- 配置 NAPT 源 NAT 转换
- 配置 No-PAT 源 NAT 转换
- 配置 NAT 服务器映射

4.1 配置出接口地址源 NAT 转换

出接口地址源 NAT 转换，配置模式为 Easy-IP，利用出接口互联网 IP 地址作为 NAT 转换后的地址，可以同时转换地址以及端口。出接口地址源 NAT 转换方式适用于互联网 IP 地址较少的生产环境，比如生产环境仅有 1 个互联网 IP 地址，那么所有客户端共享这个 IP 地址访问互联网。

4.1.1 实验目的

配置 HFW1 防火墙源 NAT 策略，源 NAT 策略选择出接口地址，使虚拟机 HW-Inside_WIN7 可以访问互联网。

4.1.2 实验设备

华为 USG6320 防火墙 1 台（简称 HFW1），虚拟机 HW-Inside_WIN7。

4.1.3 实验拓扑

实验拓扑如图 4-1-1 所示。

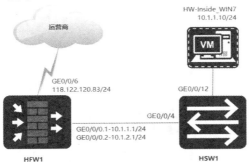

图 4-1-1

4.1.4 实验步骤

防火墙安全策略配置参考 3.1 节。

1. 命令行配置模式

第 1 步，配置 HFW1 防火墙源 NAT 策略。

```
[BDNETLAB-HFW1]nat-policy   #进入防火墙 NAT 策略配置
[BDNETLAB-HFW1-policy-nat]rule name to_internet   #对 NAT 策略进行命名
[BDNETLAB-HFW1-policy-nat-rule-to_internet]destination-address any   #
定义目标地址
[BDNETLAB-HFW1-policy-nat-rule-to_internet]source-address address-set
permit_ip #定义源地址，调用 3.1 章节配置的 permit_ip 地址
[BDNETLAB-HFW1-policy-nat-rule-to_internet]source-zone trust   #定义源区
域为 trunst
[BDNETLAB-HFW1-policy-nat-rule-to_internet]destination-zone untrust   #
定义目标区域为 untrust
[BDNETLAB-HFW1-policy-nat-rule-to_internet]action nat easy-ip   #配置出
接口地址源 NAT 转换
[BDNETLAB-HFW1-policy-nat-rule-to_internet]display this
#
 rule name to_internet
  source-zone trust
  destination-zone untrust
  source-address address-set permit_ip
  action nat easy-ip
#
return
```

第 2 步，在虚拟机 HW-Inside_WIN7 上使用 ping 命令查看解析对应的互联网 IP 地址，如图 4-1-2 所示。

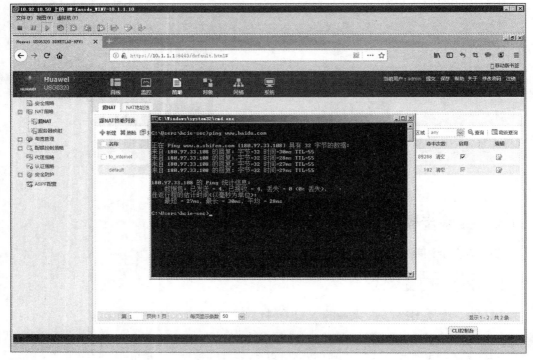

图 4-1-2

第 3 步，使用命令查看防火墙会话表，可以看到虚拟机 HW-Inside_WIN7 所配置的 IP 地址 10.1.1.10 已经转换为互联网 IP 地址，端口也进行了转换，转换后的互联网 IP 地址为 118.122.120.83。

```
[BDNETLAB-HFW1]display firewall session table
Current Total Sessions: 2
   icmp VPN:public --> public 10.1.1.10:4[118.122.120.83:2050]--> 180.
97.33.108:2048 #内部端口为 4，转换后使用随机端口 2050
   icmp VPN:public --> public 10.1.1.10:4[118.122.120.83:2049]--> 61.
139.126.244:2048 #内部端口为 4，转换后使用随机端口 2049
```

2. 图形界面配置模式

第 1 步，登录防火墙图形界面，选择策略，并选择 NAT 策略中的源 NAT，默认策略处于禁止状态，如图 4-1-3 所示。

　　第 2 步，新建源 NAT 策略 to_internet，源安全区域为 trust，目的安全区域为 untrust，转换后源地址使用出接口地址，如图 4-1-4 所示，单击"确定"按钮。

图 4-1-3

图 4-1-4

　　第 3 步，完成基于出接口地址源 NAT 策略的创建，如图 4-1-5 所示。

图 4-1-5

　　第 4 步，在虚拟机 HW-Inside_WIN7 上使用 ping 命令查看解析对应的互联网 IP 地址，如图 4-1-6 所示。

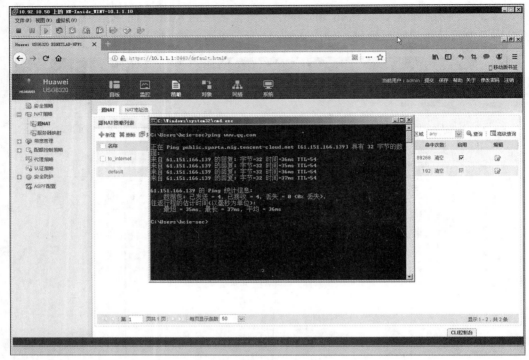

图 4-1-6

第 5 步，使用命令查看防火墙会话表，可以看到虚拟机 HW-Inside_WIN7 所配置的 IP 地址 10.1.1.10 已经转换为互联网 IP 地址，同时端口也进行了转换，转换后的互联网 IP 地址为 118.122.120.83。

```
[BDNETLAB-HFW1]display firewall session table
Current Total Sessions: 1
  icmp VPN:public --> public 10.1.1.10:4[118.122.120.83:2048]--> 61.151.
166.139:2048 #内部端口为 4，转换后使用随机端口 2048
```

4.2　配置 NAPT 源 NAT 转换

NAPT 技术同时对网络地址以及端口进行转换，NAPT 也是在生产环境中使用比较广泛的 NAT 技术，同时 NAPT 技术适用于互联网 IP 地址较多的生产环境。

4.2.1　实验目的

配置 HFW1 防火墙源 NAT 地址池以及 NAT 策略，NAT 地址池使用 118.122.120.115

和 118.122.120.116 两个互联网 IP 地址，策略使用 pat，确保虚拟机 HW-Inside_WIN7 以及虚拟机 HW-Trust_WIN7 可以访问互联网，查看 NAPT 转换后网络地址以及端口变化情况。

4.2.2　实验设备

华为 USG6320 防火墙 1 台（简称 HFW1），虚拟机 HW-Inside_WIN7 和虚拟机 HW-Trust_WIN7。

4.2.3　实验拓扑

实验拓扑如图 4-2-1 所示。

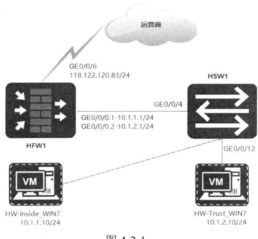

图 4-2-1

4.2.4　实验步骤

防火墙安全策略配置参考 3.1 节。

1．命令行配置模式

第 1 步，配置 HFW1 防火墙源 NAT 地址池，其重点在于 nat-mode 的选择，使用 pat 参数进行端口转换，使用 no-pat 参数不进行端口转换。

```
[BDNETLAB-HFW1]nat address-group isp_ip
[BDNETLAB-HFW1-nat-address-group-isp_ip]section 118.122.120.115 118.
122.120.116   #配置互联网固定 IP 地址
[BDNETLAB-HFW1-nat-address-group-isp_ip]nat-mode ?     #选择 NAT 模式
  no-pat  Indicate the nat pool nat-port mode
```

```
    pat      Indicate the nat pool nat-port mode
[BDNETLAB-HFW1-nat-address-group-isp_ip]nat-mode pat    #配置NAT模式为pat
[BDNETLAB-HFW1-nat-address-group-isp_ip]display this
#
 nat address-group isp_ip
 section 0 118.122.120.115 118.122.120.116
 nat-mode pat
#
return
```

第 2 步，配置 HFW1 防火墙源 NAT 策略。

```
[BDNETLAB-HFW1]nat-policy
[BDNETLAB-HFW1-policy-nat]rule name to_internet
[BDNETLAB-HFW1-policy-nat-rule-to_internet]destination-address any
[BDNETLAB-HFW1-policy-nat-rule-to_internet]source-address address-set
permit_ip
[BDNETLAB-HFW1-policy-nat-rule-to_internet]source-zone trust
[BDNETLAB-HFW1-policy-nat-rule-to_internet]destination-zone untrust
[BDNETLAB-HFW1-policy-nat-rule-to_internet]action nat address-group isp_ip
[BDNETLAB-HFW1-policy-nat-rule-to_internet]display this
#
 rule name to_internet
  source-zone trust
  destination-zone untrust
  source-address address-set permit_ip
  action nat address-group isp_ip
#
return
```

第 3 步，使用命令查看防火墙会话表，可以看到虚拟机 HW-Inside_WIN7 以及虚拟机 HW-Trust_WIN7 所配置的 IP 地址（10.1.1.10 以及 10.1.2.10）已经转换为使用 NAT 地址池中的互联网 IP 地址（118.122.120.115 和 118.122.120.116），并可访问互联网，同时端口也进行了转换。

```
[BDNETLAB-HFW1]display firewall session table
Current Total Sessions : 7
   icmp VPN:public --> public 10.1.2.10:1[118.122.120.116:2048]--> 61.
139.126.244:2048   #主机随机选择 118.122.120.116 作为出口地址，端口随机转换为 2048
   dns VPN:public --> public 10.1.2.10:50297[118.122.120.116:2077]-->
61.139.2.69:53
   https VPN:public --> public 10.1.1.10:53070[118.122.120.115:2048]-->
203.208.41.40:443 #主机随机选择 118.122.120.115 作为出口地址，端口随机转换为 2048
   http VPN:public --> public 10.1.2.10:49372[118.122.120.116:2048]-->
65.200.22.25:80
   https VPN:public --> public 10.1.2.10:49371[118.122.120.116:2048]-->
180.97.34.148:443
```

```
    icmp VPN:public --> public 10.1.2.10:1[118.122.120.116:2048]--> 180.
97.33.108:2048
    dns VPN:public --> public 10.1.2.10:59065[118.122.120.116:2076]-->
61.139.2.69:53
```

2. 图形界面配置模式

第 1 步，登录防火墙图形界面，选择策略，并选择 NAT 策略中的源 NAT，配置 NAT 地址池，如图 4-2-2 所示。

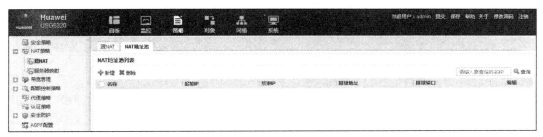

图 4-2-2

第 2 步，新建 NAT 地址池 isp_ip，输入准备好的互联网 IP 地址 118.122.120.115 和 118.122.120.116，勾选允许端口转换，如图 4-2-3 所示，单击"确定"按钮。

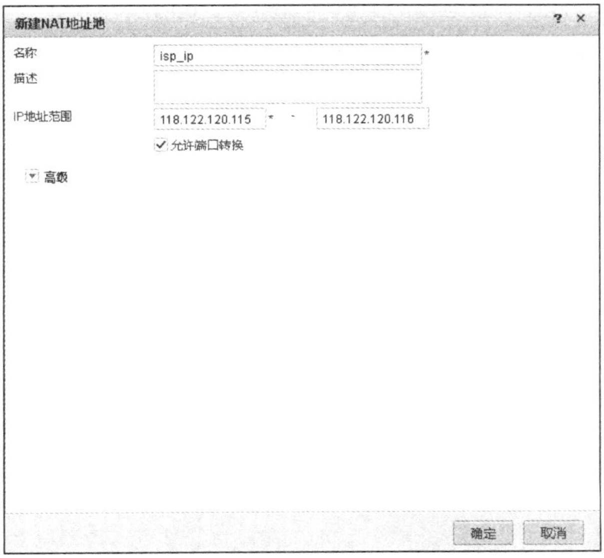

图 4-2-3

第 3 步，完成 NAT 地址池的创建，如图 4-2-4 所示。

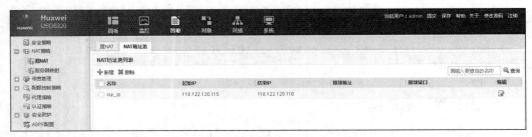

图 4-2-4

第 4 步，选择 NAT 策略中的源 NAT，默认策略处于禁止状态，如图 4-2-5 所示。

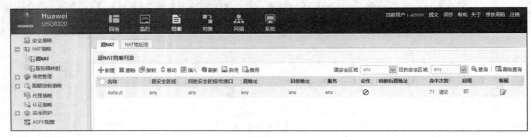

图 4-2-5

第 5 步，新建源 NAT 策略 to_internet，源安全区域为 trust，目的安全区域为 untrust，转换后源地址使用地址池中的地址 isp_ip，如图 4-2-6 所示，单击"确定"按钮。

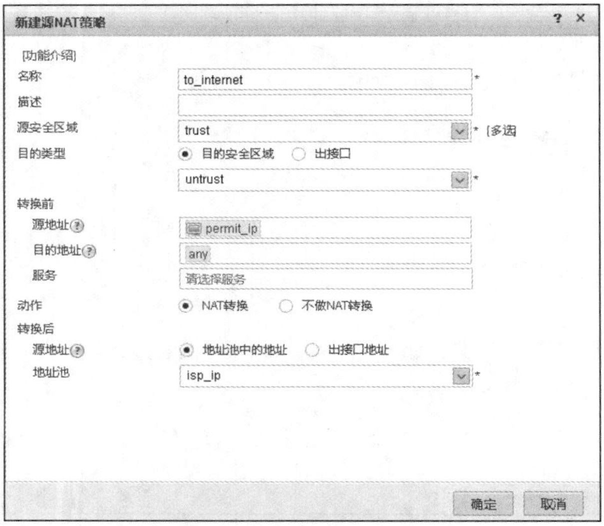

图 4-2-6

第 6 步，完成基于 NAPT 源 NAT 策略的创建，如图 4-2-7 所示。

图 4-2-7

第 7 步，使用命令查看防火墙会话表，可以看到虚拟机 HW-Inside_WIN7 以及虚拟机
HW-Trust_WIN7 所配置的 IP 地址（10.1.1.10 以及 10.1.2.10）已经转换为使用 NAT 地址池中的
互联网 IP 地址（118.122.120.115 和 118.122.120.116），并可访问互联网，同时端口也进行了转换。

```
  [BDNETLAB-HFW1]display firewall session table
  Current Total Sessions: 5
   icmp VPN:public --> public 10.1.2.10:1[118.122.120.116:2049]--> 61.139.
126.244:2048 #主机随机选择 118.122.120.116 作为出口地址，端口随机转换为 2049
   dns VPN:public --> public 10.1.1.10:62580[118.122.120.115:2062]-->
61.139.2.69:53 #主机随机选择 118.122.120.115 作为出口地址，端口随机转换为 2062
   icmp VPN:public --> public 10.1.2.10:1[118.122.120.116:2050]--> 180.
97.33.107:2048
   dns VPN:public --> public 10.1.2.10:57548[118.122.120.116:2094]-->
61.139.2.69:53
   icmp VPN:public --> public 10.1.1.10:4[118.122.120.115:2050]--> 61.139.
126.244:2048
```

4.3　配置 No-PAT 源 NAT 转换

No-PAT 源 NAT 转换其本质是不进行端口转换，只转换 IP 地址，也可以理解为一对
一进行地址转换，这种方式一般用于比较特殊或者是互联网 IP 地址较多的环境。

4.3.1　实验目的

配置 HFW1 防火墙源 NAT 地址池以及 NAT 策略，NAT 地址池使用 118.122.120.115
和 118.122.120.116 两个互联网 IP 地址，策略使用 no-pat，确保虚拟机 HW-Inside_WIN7
以及虚拟机 HW-Trust_WIN7 可以访问互联网，查看转换后网络地址以及端口变化情况。

4.3.2　实验设备

华为 USG6320 防火墙 1 台（简称 HFW1），虚拟机 HW-Inside_WIN7 和虚拟机 HW-Trust_
WIN7。

4.3.3　实验拓扑

实验拓扑如图 4-3-1 所示。

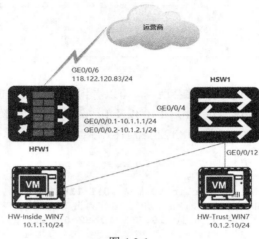

图 4-3-1

4.3.4　实验步骤

防火墙安全策略配置参考 3.1 节。

1．命令行配置模式

第 1 步，配置 HFW1 防火墙源 NAT 地址池，使用 no-pat 参数不进行端口转换。

```
[BDNETLAB-HFW1]nat address-group isp_ip
[BDNETLAB-HFW1-nat-address-group-isp_ip]section 118.122.120.115 118.
122.120.116
[BDNETLAB-HFW1-nat-address-group-isp_ip]nat-mode no-pat    #NAT 模式为 no-pat
[BDNETLAB-HFW1-nat-address-group-isp_ip]display this
#
 nat address-group isp_ip
 section 0 118.122.120.115 118.122.120.116
 nat-mode no-pat
#
return
```

第 2 步，配置 HFW1 防火墙源 NAT 策略。

```
[BDNETLAB-HFW1]nat-policy
[BDNETLAB-HFW1-policy-nat]rule name to_internet
[BDNETLAB-HFW1-policy-nat-rule-to_internet]destination-address any
[BDNETLAB-HFW1-policy-nat-rule-to_internet]source-address address-set
permit_ip
[BDNETLAB-HFW1-policy-nat-rule-to_internet]source-zone trust
[BDNETLAB-HFW1-policy-nat-rule-to_internet]destination-zone untrust
[BDNETLAB-HFW1-policy-nat-rule-to_internet]action nat address-group isp_ip
[BDNETLAB-HFW1-policy-nat-rule-to_internet]display this
#
 rule name to_internet
  source-zone trust
  destination-zone untrust
  source-address address-set permit_ip
  action nat address-group isp_ip
#
return
```

第 3 步，使用命令查看防火墙会话表，可以看到虚拟机 HW-Inside_WIN7 以及虚拟机 HW-Trust_WIN7 所配置的 IP 地址（10.1.1.10 以及 10.1.2.10）已经转换为使用 NAT 地址池中的互联网 IP 地址（118.122.120.115 和 118.122.120.116），并可访问互联网，注意端口未进行转换。

```
[BDNETLAB-HFW1]display firewall session table
Current Total Sessions: 5
    icmp VPN:public --> public 10.1.2.10:1[118.122.120.116:1]-->61.139.
126.244:2048 #主机随机选择 118.122.120.116 作为出口地址，端口未转换，和源端口一样使用 1
    icmp VPN:public --> public 10.1.1.10:4[118.122.120.115:4]-->180.97.
33.107:2048  #主机随机选择 118.122.120.115 作为出口地址，端口未转换，和源端口一样使用 4
    icmp VPN:public --> public 10.1.2.10:1[118.122.120.116:1]--> 180.97.
33. 107:2048
    dns VPN:public --> public 10.1.2.10:50680[118.122.120.116:50680]-->
61.139.2.69:53 #主机随机选择 118.122.120.116 作为出口地址，端口未转换，和源端口一样
使用 50680
    icmp VPN:public --> public 10.1.1.10:4[118.122.120.115:4]-->61.139.
126.244:2048
```

2. 图形界面配置模式

第 1 步，登录防火墙图形界面，选择策略，并选择 NAT 策略中的源 NAT，配置 NAT 地址池，如图 4-3-2 所示。

第 2 步，新建 NAT 地址池，输入准备好的互联网 IP 地址 118.122.120.115 和 118.122.120.116，不勾选允许端口转换，如图 4-3-3 所示，单击"确定"按钮。

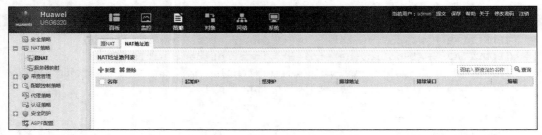

图 4-3-2

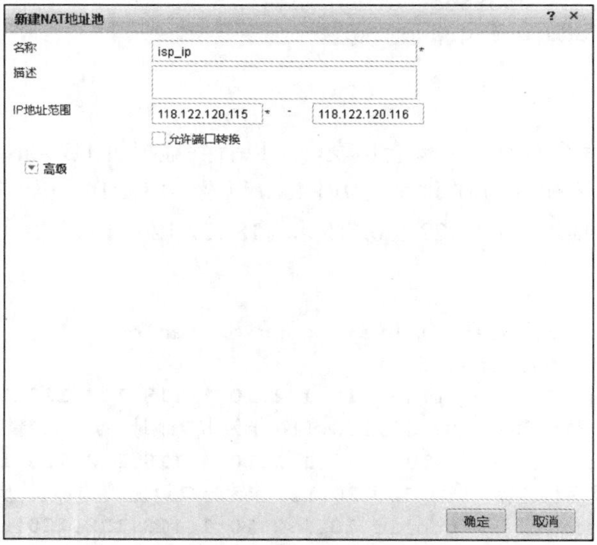

图 4-3-3

第 3 步，完成 NAT 地址池的创建，如图 4-3-4 所示。

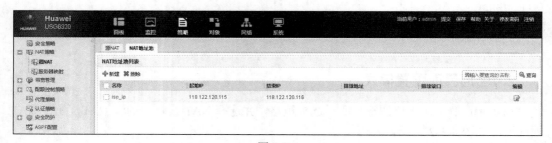

图 4-3-4

第 4 步，选择 NAT 策略中的源 NAT，默认策略处于禁止状态，如图 4-3-5 所示。

第 5 步，新建源 NAT 策略 to_internet，源安全区域为 trust，目的安全区域为 untrust，转换后源地址使用地址池中的地址 isp_ip，如图 4-3-6 所示，单击"确定"按钮。

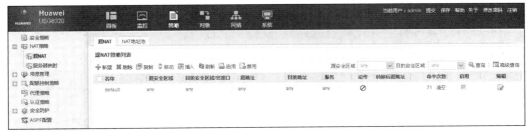

图 4-3-5

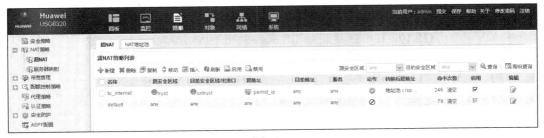

图 4-3-6

第 6 步，完成基于 NAPT 源 NAT 策略的创建，如图 4-3-7 所示。

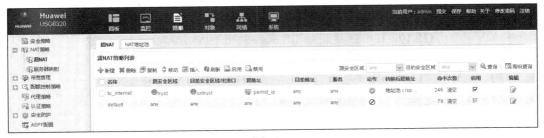

图 4-3-7

第 7 步，使用命令查看防火墙会话表，可以看到虚拟机 HW-Inside_WIN7 以及虚拟机 HW-Trust_WIN7 所配置的 IP 地址（10.1.1.10 以及 10.1.2.10）已经转换为使用 NAT 地址池中的互联网 IP 地址（118.122.120.115 和 118.122.120.116），并可访问互联网，注意端口未进行转换。

```
[BDNETLAB-HFW1]display firewall session table
Current Total Sessions: 3
    icmp VPN:public --> public 10.1.2.10:1[118.122.120.116:1]-->61.139.
126.244:2048   #主机随机选择 118.122.120.116 作为出口地址，端口未转换和源端口一样使用 1
    icmp VPN:public --> public 10.1.1.10:4[118.122.120.115:4]-->180.97.
33.107:2048   #主机随机选择 118.122.120.115 作为出口地址，端口未转换和源端口一样使用 4
    dns VPN:public --> public 10.1.1.10:52183[118.122.120.115:52183]-->61.
139. 2.69:53 #主机随机选择 118.122.120.115 作为出口地址，端口未转换和源端口一样使用
52183
```

4.4　配置 NAT 服务器映射

在生产环境中，可能需要对外提供一些服务功能，如果这些服务器部署在公司内部并且没有使用云服务器，则需要通过防火墙将内部服务器映射出去，这样互联网用户才能够正常访问，这样的配置操作称为 NAT Server，也就是 NAT 服务器映射。

4.4.1　实验目的

配置 HFW1 防火墙为 NAT Server，将 DMZ 区域 Windows 2008 服务器映射到互联网，Windows 2008 服务器部署 IIS 服务器提供 http 服务，确保互联网客户端可以访问 Windows 2008 服务器的 IIS 服务。

注意：互联网固定 IP 如果没有备案，运营商可能会屏蔽 80、8080、443 等常用端口。本实验使用的互联网固定 IP 地址 118.122.120.83 提供的 IIS 服务使用 5055 端口。

4.4.2　实验设备

华为 USG6320 防火墙 1 台（简称 HFW1），虚拟机 HW-DMZ_WIN08。

4.4.3 实验拓扑

实验拓扑如图 4-4-1 所示。

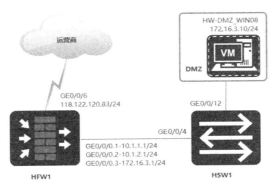

图 4-4-1

4.4.4 实验步骤

防火墙 NAT 服务器映射配置实验采用命令行以及图形界面两种模式，其结果相同。

1. 命令行配置模式

第 1 步，配置 HFW1 防火墙 GigabitEthernet 0/0/0.3 接口 IP 地址，同时将其配置为 dmz 区域。

```
[BDNETLAB-HFW1]interface GigabitEthernet 0/0/0.3
[BDNETLAB-HFW1-GigabitEthernet0/0/0.3]vlan-type dot1q 30
[BDNETLAB-HFW1-GigabitEthernet0/0/0.3]ip address 172.16.3.1 24
[BDNETLAB-HFW1-GigabitEthernet0/0/0.3]quit
[BDNETLAB-HFW1]firewall zone dmz
[BDNETLAB-HFW1-zone-dmz]add interface GigabitEthernet 0/0/0.3 #将接口添
加到区域
[BDNETLAB-HFW1-zone-dmz]display this
#
firewall zone dmz
 set priority 50      #默认 dmz 区域优先级为 50
 add interface GigabitEthernet0/0/0.3
#
return
```

第 2 步，配置安全策略，允许 untrust 区域访问 dmz 区域 http 服务。

```
[BDNETLAB-HFW1]security-policy
[BDNETLAB-HFW1-policy-security]rule name untrust_to_dmz
[BDNETLAB-HFW1-policy-security-rule-untrust_to_dmz]source-zone untrust
[BDNETLAB-HFW1-policy-security-rule-untrust_to_dmz]destination-zone dmz
[BDNETLAB-HFW1-policy-security-rule-untrust_to_dmz]destination-address
172.16.3.10 32
[BDNETLAB-HFW1-policy-security-rule-untrust_to_dmz]service http
[BDNETLAB-HFW1-policy-security-rule-untrust_to_dmz]action permit
[BDNETLAB-HFW1-policy-security-rule-untrust_to_dmz]display this
#
 rule name untrust_to_dmz
  source-zone untrust
  destination-zone dmz
  destination-address 172.16.3.10 mask 255.255.255.255
  service http
  action permit
#
return
```

第 3 步，使用命令配置 NAT 服务器映射。

```
[BDNETLAB-HFW1]nat server win08 protocol tcp global 118.122.120.83 5055
inside 172.16.3.10 80     #将 172.16.3.10 服务器的 80 端口映射到互联网 IP 地址 118.122.120.83
的 5055 端口
[BDNETLAB-HFW1]display nat server
Server in private network information:
 name: win08
 zone: ---
 interface: ---
global-start-addr: 118.122.120.83      global-end-addr: ---
 inside-start-addr: 172.16.3.10        inside-end-addr: ---
 global-start-port: 5055               global-end-port: ---
 insideport: 80(www)
 globalvpn: public                     insidevpn: public
 protocol: tcp                         vrrp: ---
 no-reverse: no
       Total    1 NAT servers
```

第 4 步，选择一台可以访问互联网的 PC，在浏览器中输入 http://118.122.120.83:5055，配置正确则可以访问 Windows 2008 服务器提供的 IIS 服务，如图 4-4-2 所示。如果配置不正确将无法访问。

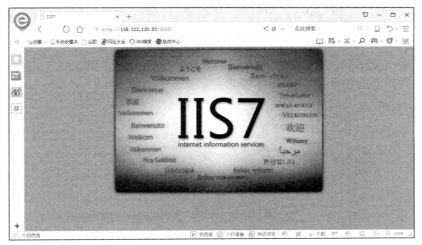

图 4-4-2

2. 图形界面配置模式

第 1 步，清空原配置，在浏览器中输入 http://118.122.120.83:5055 会出现连接失败提示，如图 4-4-3 所示。

图 4-4-3

第 2 步，DMZ 区域需要创建子接口，如图 4-4-4 所示，单击"新建"按钮。

第 3 步，配置 HFW1 防火墙 GigabitEthernet0/0/0.3 接口 IP 地址以及区域，如图 4-4-5 所示，单击"确定"按钮。

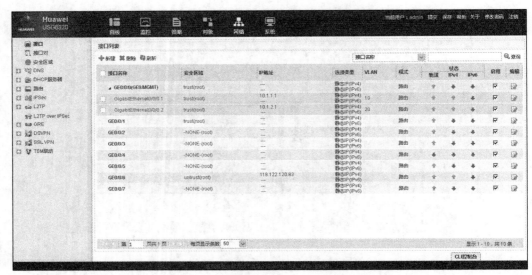

图 4-4-4

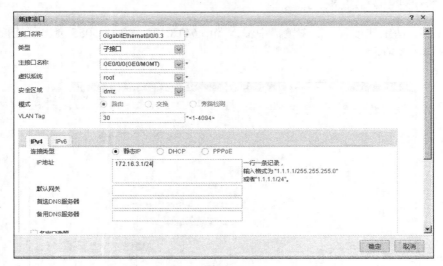

图 4-4-5

　　第 4 步，完成 HFW1 防火墙 GigabitEthernet 0/0/0.3 接口 IP 地址以及 DMZ 区域配置，如图 4-4-6 所示。

　　第 5 步，原安全策略中只有内部网络访问互联网的策略，如图 4-4-7 所示，需要创建一条新的安全策略允许互联网用户可以访问内部服务器，单击"新建"按钮。

　　第 6 步，新建安全策略 untrust_to_dmz，具体参数如图 4-4-8 所示，其中目的地址为 dmz_server，服务为 http，单击"确定"按钮。

图 4-4-6

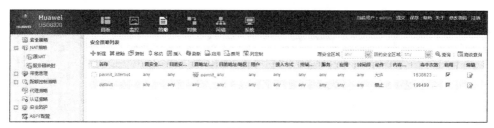

图 4-4-7

图 4-4-8

第 7 步，完成安全策略 untrust_to_dmz 的创建，如图 4-4-9 所示。

图 4-4-9

第 8 步，选择 NAT 策略中的服务器映射，如图 4-4-10 所示，单击"新建"按钮。

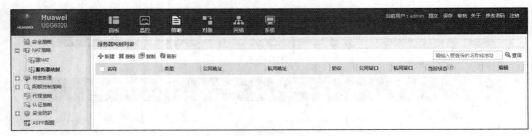

图 4-4-10

第 9 步，新建服务器映射 win08，具体参数如图 4-4-11 所示，单击"确定"按钮。

图 4-4-11

第 10 步，完成服务器映射的创建，如图 4-4-12 所示，图形界面配置模式提供了检测机制来验证服务器映射是否正确，服务器映射当前状态为未检测，单击"诊断"。

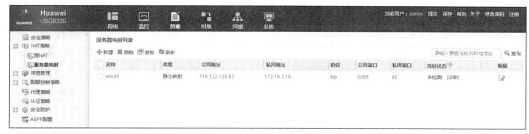

图 4-4-12

第 11 步，诊断完成后当前状态为已连通，说明互联网 IP 地址与服务器映射配置正确，如图 4-4-13 所示。

图 4-4-13

第 12 步，使用浏览器访问 http://118.122.120.83:5055，配置正确则可以访问 Windows 2008 服务器提供的 IIS 服务，如图 4-4-14 所示。如果配置不正确将无法访问。

图 4-4-14

4.5　本章小结

　　本章使用互联网 IP 地址演示了 NAT 地址转换配置，在生产环境中应结合实际情况选择适合的 NAT 地址转换模式。需要注意的是，配置 NAT 服务器映射时，如果可以使用的互联网 IP 地址较少，可以直接使用出接口 IP 地址作为映射地址，但是一定要配置好映射的端口号和协议，避免与内部管理或应用冲突。

第 5 章
配置防火墙双机热备

双机热备技术是为了避免由于单设备或单链路故障导致网络无法访问。如果使用传统的主备备份模式，处于备用状态的防火墙日常处于待机状态，不能充分利用设备。华为 USG 系列防火墙除提供传统的主备备份模式外，还提供负载分担模式，让主备防火墙同时工作，充分利用防火墙的性能以及带宽。本章介绍主备备份以及负载分担两种模式的配置。

本章要点
● 配置主备备份模式的双机热备
● 配置负载分担模式的双机热备

5.1 配置主备备份模式的双机热备

主备备份模式的双机热备，其中一台防火墙处于 Active（活动）状态用于转发数据，另一台防火墙处于 Standby（备份）状态不转发数据，两台防火墙通过心跳线同步信息。当处于 Active 状态的防火墙发生故障时，处于 Standby 状态的防火墙切换为 Active 状态，继续提供服务，以避免网络访问出现中断的情况。

5.1.1 实验目的

配置 HFW1 防火墙为 Active 设备，配置 HFW3 防火墙为 Standby 设备，两台防火墙均可以访问互联网，当 Active 设备发生故障时能够实现切换，虚拟机访问互联网不会出现中断。

5.1.2 实验设备

华为 USG6320 防火墙 2 台（简称 HFW1、HFW3），虚拟机 HW-Inside_WIN7。

5.1.3　实验拓扑

实验拓扑如图 5-1-1 所示。

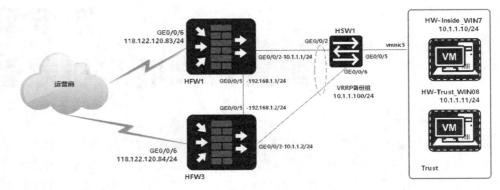

图 5-1-1

5.1.4　实验步骤

为保证实验效果，本节实验清空设备原配置后再进行配置操作。双机热备的整体配置并不复杂，可以分为三步进行：先完成接口基本配置，再配置安全策略，最后配置双机热备。

1．命令行配置模式

第 1 步，配置 HFW1 防火墙 GigabitEthernet 0/0/2 接口 IP 地址。

```
<BDNETLAB-HFW1>system-view
[BDNETLAB-HFW1]interface GigabitEthernet 0/0/2
[BDNETLAB-HFW1-GigabitEthernet0/0/2]ip address 10.1.1.1 24
[BDNETLAB-HFW1-GigabitEthernet0/0/2]service-manage ping permit
[BDNETLAB-HFW1-GigabitEthernet0/0/2]service-manage https permit
```

第 2 步，配置 HFW1 防火墙 GigabitEthernet 0/0/6 接口 IP 地址。

```
[BDNETLAB-HFW1]interface GigabitEthernet 0/0/6
[BDNETLAB-HFW1-GigabitEthernet0/0/6]ip add 118.122.120.83 24
[BDNETLAB-HFW1-GigabitEthernet0/0/6]gateway 118.122.120.1
```

第 3 步，配置 HFW1 防火墙 GigabitEthernet 0/0/5 接口 IP 地址，该接口为心跳接口。

```
[BDNETLAB-HFW1]interface GigabitEthernet 0/0/5
[BDNETLAB-HFW1-GigabitEthernet0/0/5]ip address 192.168.1.1 24
[BDNETLAB-HFW1-GigabitEthernet0/0/5]service-manage ping permit
```

第 4 步，将接口添加到 HFW1 防火墙对应的区域。

```
[BDNETLAB-HFW1]firewall zone trust
[BDNETLAB-HFW1-zone-trust]add interface GigabitEthernet 0/0/2
[BDNETLAB-HFW1-zone-trust]display this
firewall zone trust
 set priority 85
 add interface GigabitEthernet0/0/0
 add interface GigabitEthernet0/0/2

[BDNETLAB-HFW1]firewall zone untrust
[BDNETLAB-HFW1-zone-untrust]add interface GigabitEthernet 0/0/6
[BDNETLAB-HFW1-zone-untrust]display this
firewall zone untrust
 set priority 5
 add interface GigabitEthernet0/0/6

[BDNETLAB-HFW1]firewall zone dmz
[BDNETLAB-HFW1-zone-dmz]add interface GigabitEthernet 0/0/5   # 该接口作
为心跳接口
[BDNETLAB-HFW1-zone-dmz]display this
firewall zone dmz
 set priority 50
 add interface GigabitEthernet0/0/5
```

第 5 步，配置 HFW1 防火墙安全策略。特别注意，本实验心跳线路添加到 DMZ 区域，同时需要配置安全策略，否则可能出现心跳访问报错提示。

```
[BDNETLAB-HFW1]security-policy
[BDNETLAB-HFW1-policy-security]rule name to_internet
[BDNETLAB-HFW1-policy-security-rule-to_internet]source-zone local
[BDNETLAB-HFW1-policy-security-rule-to_internet]source-zone trust
[BDNETLAB-HFW1-policy-security-rule-to_internet]source-zone dmz
[BDNETLAB-HFW1-policy-security-rule-to_internet]destination-zone any
[BDNETLAB-HFW1-policy-security-rule-to_internet]action permit

[BDNETLAB-HFW1-policy-security-rule-to_internet]display this
rule name to_internet
  source-zone local
  source-zone trust
  source-zone dmz
  action permit
```

第 6 步，配置 HFW1 防火墙源 NAT 策略。

```
[BDNETLAB-HFW1]nat-policy
[BDNETLAB-HFW1-policy-nat]rule name to_internet_nat
[BDNETLAB-HFW1-policy-nat-rule-to_internet_nat]destination-zone untrust
[BDNETLAB-HFW1-policy-nat-rule-to_internet_nat]action nat easy-ip
[BDNETLAB-HFW1-policy-nat-rule-to_internet_nat]display this
rule name to_internet_nat
  destination-zone untrust
  action nat easy-ip
```

第 7 步，为接口配置虚拟 IP 地址，HFW1 为 Active 设备，注意客户端将使用 10.1.1.100 虚拟地址作为网关地址。

```
[BDNETLAB-HFW1]interface GigabitEthernet 0/0/2
[BDNETLAB-HFW1-GigabitEthernet0/0/2]vrrp vrid 1 virtual-ip 10.1.1.100
24 active
```

第 8 步，配置心跳线路，remote 地址为另一台防火墙心跳线路地址。

```
[BDNETLAB-HFW1]hrp interface GigabitEthernet 0/0/5 remote 192.168.1.2
```

第 9 步，配置 HFW1 防火墙为 Active 设备并主动抢占。

```
[BDNETLAB-HFW1]hrp active-device
```

第 10 步，配置 HFW1 防火墙启用 hrp 并查看其状态。

```
[BDNETLAB-HFW1]hrp enable   #启用 hrp

HRP_A[BDNETLAB-HFW1]display vrrp   #查看 vrrp 状态，注意防火墙名的变化
  GigabitEthernet0/0/2 | Virtual Router 1
    VRRP Group : Active        #VRRP 组状态为活动状态
    State : Active             #当前防火墙状态为活动转发状态
    Virtual IP : 10.1.1.100    #虚拟 IP 地址为 10.1.1.100
    Virtual MAC: 0000-5e00-0101
    Primary IP: 10.1.1.1
    Priority Run: 120
    Priority Config: 100
    Active Priority: 120
    Preempt: YES Delay Time: 0
    Advertisement Timer: 1
    Auth Type: NONE
Check TTL: YES

HRP_A[BDNETLAB-HFW1]display hrp state   #查看 hrp 状态，
```

```
The firewall's config state is: ACTIVE          #当前防火墙状态为活动转发状态
 Backup channel usage: 0.00%
 Time elapsed after the last switchover: 0 days, 0 hours, 0 minutes
 Current state of virtual routers configured as active:
                GigabitEthernet0/0/2     vrid   1 : active
```

至此，HFW1 防火墙配置完成，继续配置 HFW3 防火墙，其主要区别在于 hrp 角色变化。

第 11 步，配置 HFW3 防火墙 GigabitEthernet0/0/2 接口 IP 地址以及 vrrp 组为 standby 状态。

```
[BDNETLAB-HFW3]interface GigabitEthernet 0/0/2
[BDNETLAB-HFW3-GigabitEthernet0/0/2]ip add 10.1.1.2 24
[BDNETLAB-HFW3-GigabitEthernet0/0/2]vrrp vrid 1 virtual-ip 10.1.1.100
24 standby
[BDNETLAB-HFW3-GigabitEthernet0/0/2]service-manage ping permit
[BDNETLAB-HFW3-GigabitEthernet0/0/2]service-manage https permit
```

第 12 步，配置 HFW3 防火墙 GigabitEthernet 0/0/6 接口 IP 地址。

```
[BDNETLAB-HFW3]interface GigabitEthernet 0/0/6
[BDNETLAB-HFW3-GigabitEthernet0/0/6]ip add 118.122.120.84 24
[BDNETLAB-HFW3-GigabitEthernet0/0/6]gateway 118.122.120.1
```

第 13 步，配置 HFW3 防火墙 GigabitEthernet 0/0/5 接口 IP 地址，该接口为心跳接口。

```
[BDNETLAB-HFW3]interface GigabitEthernet 0/0/5
[BDNETLAB-HFW3-GigabitEthernet0/0/5]ip add 192.168.1.2 24
[BDNETLAB-HFW3-GigabitEthernet0/0/5]service-manage ping permit
```

第 14 步，将接口添加到 HFW3 防火墙对应的区域。

```
[BDNETLAB-HFW3]firewall zone trust
[BDNETLAB-HFW3-zone-trust]add  interface GigabitEthernet 0/0/2
[BDNETLAB-HFW3]firewall zone untrust
[BDNETLAB-HFW3-zone-untrust]add interface GigabitEthernet 0/0/6
[BDNETLAB-HFW3]firewall zone dmz
[BDNETLAB-HFW3-zone-dmz]add interface GigabitEthernet 0/0/5

[BDNETLAB-HFW3]display zone
local
 priority is 100
#
```

```
trust
 priority is 85
 interface of the zone is (2):
     GigabitEthernet0/0/0
     GigabitEthernet0/0/2
#
untrust
 priority is 5
 interface of the zone is (1):
     GigabitEthernet0/0/6
#
dmz
 priority is 50
 interface of the zone is (1):
     GigabitEthernet0/0/5
```

第 15 步，配置 HFW3 防火墙安全策略，建议与 HFW1 防火墙安全策略配置一致。

```
[BDNETLAB-HFW3]security-policy
[BDNETLAB-HFW3-policy-security]rule name to_internet
[BDNETLAB-HFW3-policy-security-rule-to_internet]source-zone local
[BDNETLAB-HFW3-policy-security-rule-to_internet]source-zone trust
[BDNETLAB-HFW3-policy-security-rule-to_internet]source-zone dmz
[BDNETLAB-HFW3-policy-security-rule-to_internet]destination-zone any
[BDNETLAB-HFW3-policy-security-rule-to_internet]action permit
```

第 16 步，配置 HFW3 防火墙源 NAT 策略。

```
[BDNETLAB-HFW3]nat-policy
[BDNETLAB-HFW3-policy-nat]rule name to_internet_nat
[BDNETLAB-HFW3-policy-nat-rule-to_internet_nat]destination-zone untrust
[BDNETLAB-HFW3-policy-nat-rule-to_internet_nat]action nat easy-ip
```

第 17 步，配置心跳线路，remote 地址为另一台防火墙心跳线路地址。

```
[BDNETLAB-HFW3]hrp interface GigabitEthernet 0/0/5 remote 192.168.1.1
```

第 18 步，配置 HFW3 防火墙为 standby 设备。

```
[BDNETLAB-HFW3]hrp standby-device
```

第 19 步，配置 HFW3 防火墙启用 hrp 并查看其状态。

```
[BDNETLAB-HFW3]hrp enable

HRP_S[BDNETLAB-HFW3]display vrrp
```

```
GigabitEthernet0/0/2 | Virtual Router 1
  VRRP Group: Standby
  State: Standby
  Virtual IP: 10.1.1.100
  Virtual MAC: 0000-5e00-0101
  Primary IP: 10.1.1.2
  Priority Run: 120
  Priority Config: 100
  Active Priority: 120
  Preempt: YES   Delay Time: 0
  Advertisement Timer: 1
  Auth Type: NONE
  Check TTL: YES

HRP_S[BDNETLAB-HFW3]display hrp state
 The firewall's config state is: STANDBY

 Backup channel usage: 0.01%
 Time elapsed after the last switchover: 0 days, 0 hours, 1 minutes
 Current state of virtual routers configured as standby:
         GigabitEthernet0/0/2     vrid   1 : standby
```

第 20 步，如果 HFW1 以及 HFW3 防火墙配置正常，则 HFW3 防火墙能够同步 HFW1 防火墙会话列表，如果 HFW3 未同步会话列表，请检查配置。

```
HRP_A[BDNETLAB-HFW1]display firewall session table
Current Total Sessions : 149
   https VPN:public --> public 10.1.1.10:58938[118.122.120.83:2049]-->
118.112.252.253:443
   dns VPN:public --> public 10.1.1.10:62408[118.122.120.83:2180]-->61.
139.2.69:53
   https VPN:public --> public 10.1.1.10:58911[118.122.120.83:2049]-->
36. 110.181.162:443
   dns VPN:public --> public 10.1.1.10:62345[118.122.120.83:2152]-->61.
139.2.69:53
   dns VPN:public --> public 10.1.1.10:60579[118.122.120.83:2133]-->61.
139.2.69:53
   dns VPN:public --> public 10.1.1.10:57582[118.122.120.83:2157]-->61.
139.2.69:53
   dns VPN:public --> public 10.1.1.10:57863[118.122.120.83:2123]-->61.
139.2.69:53
   dns VPN:public --> public 10.1.1.10:61405[118.122.120.83:2114]-->61.
139.2.69:53
   dns VPN:public --> public 10.1.1.10:62982[118.122.120.83:2100]-->61.
139.2.69:53
```

……（省略部分）

```
HRP_S[BDNETLAB-HFW3]display firewall session table
Current Total Sessions : 151
    https VPN:public --> public  Remote 10.1.1.10:58938[118.122.120.83:
2049]-->118.112.252.253:443
    https VPN:public --> public  Remote 10.1.1.10:58926[118.122.120.83:
2054]-->182.140.232.1:443
    https VPN:public --> public  Remote 10.1.1.10:58911[118.122.120.83:
2049]--> 36.110.181.162:443
    dns VPN:public --> public  Remote 10.1.1.10:62345[118.122.120.83:
2152]-->61.139.2.69:53
    dns VPN:public --> public  Remote 10.1.1.10:60579[118.122.120.83:
2133]-->61.139.2.69:53
    dns VPN:public --> public  Remote 10.1.1.10:57582[118.122.120.83:
2157]-->61.139.2.69:53
    https  VPN:public --> public  Remote 10.1.1.10:58909[118.122.120.83:
2048]-->106.39.169.32:443
```
……（省略部分）

　　第 21 步，打开虚拟机控制台，查看虚拟机 IP 地址信息以及网络访问情况，虚拟机网关地址为 10.1.1.100，访问互联网正常，如图 5-1-2 所示。

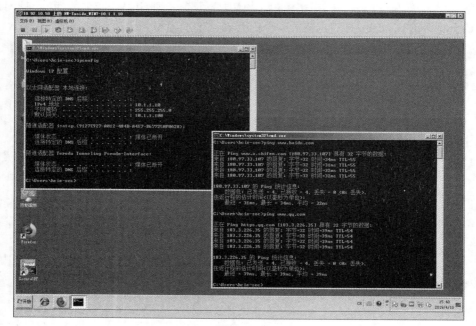

图 5-1-2

　　至此，两台防火墙的主备备份模式的双机热备配置完成，下面进行故障切换操作。

　　第 22 步，目前处于 Active 状态的是 HFW1 防火墙，手动将 GigabitEthernet 0/0/2 接口关闭，可以看到系统开始切换状态角色。

```
HRP_A[BDNETLAB-HFW1]interface GigabitEthernet 0/0/2
HRP_A[BDNETLAB-HFW1-GigabitEthernet0/0/2]shutdown
BDNETLAB-HFW1 %%01PHY/2/STATUSDOWN(l): GigabitEthernet0/0/2 changed
status to down.
BDNETLAB-HFW1 %%01IFNET/2/LINK_STATE(l): Line protocol on interface
GigabitEthernet0/0/2 has turned into DOWN state.   #线路出现 DOWN 故障
BDNETLAB-HFW1 %%01VRRP/2/STATEWARNING(l): Interface: GigabitEthernet0/
0/2, VRRP Backup Group 1 : ACTIVE changed to INITIALIZE!   #角色状态进行切换
BDNETLAB-HFW1 %%01VGMP/2/STATE(l): Virtual Router Management Group
ACTIVE :  ACTIVE --> ACTIVE_TO_STANDBY
BDNETLAB-HFW1 %%01VGMP/2/STATE(l): Virtual Router Management Group
ACTIVE :  ACTIVE_TO_STANDBY --> STANDBY
```

　　第 23 步，查看 HFW1 防火墙 vrrp 状态，VRRP Group 处于 Active 状态，State 处于 Initialize 初始化状态。

```
HRP_S[BDNETLAB-HFW1]display vrrp
  GigabitEthernet0/0/2 | Virtual Router 1
    VRRP Group: Active
    State: Initialize
    Virtual IP: 10.1.1.100
    Virtual MAC: 0000-5e00-0101
    Primary IP: 10.1.1.1
    Priority Run: 120
    Priority Config: 100
    Active Priority: 0
    Preempt: YES Delay Time : 0
    Advertisement Timer: 1
    Auth Type: NONE
    Check TTL: YES
```

　　第 24 步，查看 HFW3 防火墙 vrrp 状态，VRRP Group 处于 Standby 状态，State 处于 Active 状态，说明 HFW3 防火墙接替故障的 HFW1 防火墙进行数据转发。

```
HRP_A[BDNETLAB-HFW3]display vrrp
  GigabitEthernet0/0/2 | Virtual Router 1
    VRRP Group: Standby
    State: Active
    Virtual IP: 10.1.1.100
```

```
Virtual MAC: 0000-5e00-0101
Primary IP: 10.1.1.2
Priority Run: 120
Priority Config: 100
Active Priority: 120
Preempt: YES Delay Time: 0
Advertisement Timer: 1
Auth Type: NONE
Check TTL: YES
```

第 25 步，查看虚拟机网络连接状态，虚拟机能够连接 10.1.1.100 虚拟网关以及访问互联网，如图 5-1-3 所示。这说明防火墙双机热备状态正常，没有出现由于内网接口故障导致的网络中断。

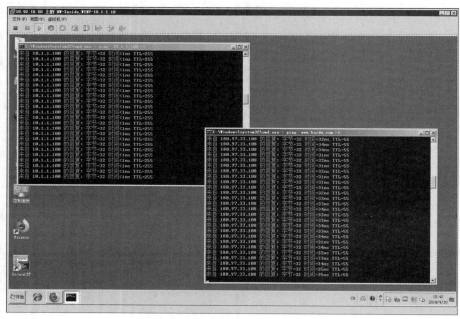

图 5-1-3

第 26 步，恢复 FHW1 防火墙 GigabitEthernet 0/0/2 接口，测试主动抢占是否正常。

```
HRP_S[BDNETLAB-HFW1]interface GigabitEthernet 0/0/2
HRP_S[BDNETLAB-HFW1-GigabitEthernet0/0/2]undo shutdown
BDNETLAB-HFW1 %%01PHY/2/STATUSUP(l): GigabitEthernet0/0/2 changed status
to up.
BDNETLAB-HFW1 %%01IFNET/2/LINK_STATE(l): Line protocol on interface
GigabitEthernet0/0/2 has turned into UP state.
```

```
BDNETLAB-HFW1 %%01VRRP/2/STATEWARNING(l): Interface: GigabitEthernet0/
0/2, VRRP Backup Group 1 : INITIALIZE changed to STANDBY!
    BDNETLAB-HFW1 %%01VGMP/2/STATE(l): Virtual Router Management Group
ACTIVE :  STANDBY --> STANDBY_TO_ACTIVE
    BDNETLAB-HFW1 %%01VGMP/2/STATE(l): Virtual Router Management Group
ACTIVE :  STANDBY_TO_ACTIVE --> ACTIVE
    BDNETLAB-HFW1 %%01VRRP/2/STATEWARNING(l): Interface: GigabitEthernet0/
0/2, VRRP Backup Group 1 : STANDBY changed to ACTIVE!
```

第 27 步，查看 HFW1 防火墙 vrrp 状态，VRRP Group 处于 Active 状态，State 处于 Active 状态，说明 HFW1 防火墙恢复接口后主动抢占成功。

```
HRP_A[BDNETLAB-HFW1]display vrrp
  GigabitEthernet0/0/2 | Virtual Router 1
    VRRP Group: Active
    State: Active
    Virtual IP: 10.1.1.100
    Virtual MAC: 0000-5e00-0101
    Primary IP: 10.1.1.1
    Priority Run: 120
    Priority Config: 100
    Active Priority: 120
    Preempt: YES Delay Time: 0
    Advertisement Timer: 1
    Auth Type: NONE
    Check TTL: YES
```

第 28 步，将 HFW1 防火墙 GigabitEthernet0/0/6 接口关闭，测试互联网接口故障是否正常切换。

```
HRP_A[BDNETLAB-HFW1]interface GigabitEthernet 0/0/6
HRP_A[BDNETLAB-HFW1-GigabitEthernet0/0/6]shutdown
BDNETLAB-HFW1 %%01PHY/2/STATUSDOWN(l): GigabitEthernet0/0/6 changed
status to down.
    BDNETLAB-HFW1 %%01IFNET/2/LINK_STATE(l): Line protocol on interface
GigabitEthernet0/0/6 has turned into DOWN state.
```

第 29 步，查看 HFW1 防火墙 vrrp 状态，VRRP Group 处于 Active 状态，State 处于 Active 状态，说明系统并没有进行状态角色切换。

```
HRP_A[BDNETLAB-HFW1]display vrrp
  GigabitEthernet0/0/2 | Virtual Router 1
    VRRP Group: Active
    State: Active
```

```
Virtual IP: 10.1.1.100
Virtual MAC: 0000-5e00-0101
Primary IP: 10.1.1.1
Priority Run: 120
Priority Config: 100
Active Priority: 120
Preempt: YES Delay Time: 0
Advertisement Timer: 1
Auth Type: NONE
Check TTL: YES
```

第 30 步，查看虚拟机网络连接状态，虚拟机能够连接 10.1.1.100 虚拟网关，但无法访问互联网，如图 5-1-4 所示。

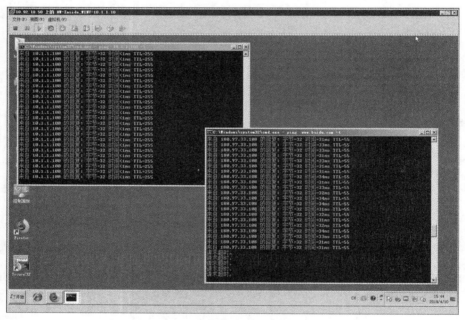

图 5-1-4

第 31 步，出现该情况的原因是没有配置 HFW1 防火墙关联接口监控，在 HFW1 防火墙互联网接口出现故障时无法切换到 HFW3 防火墙，此时应在 HFW1 防火墙以及 HFW3 防火墙 GigabitEthernet 0/0/6 接口配置关联监控。

```
HRP_A[BDNETLAB-HFW1]interface GigabitEthernet 0/0/6
HRP_A[BDNETLAB-HFW1-GigabitEthernet0/0/6]hrp track active    #配置关联监控

HRP_S[BDNETLAB-HFW3] interface GigabitEthernet 0/0/6
HRP_S[BDNETLAB-HFW3-GigabitEthernet0/0/6]hrp track standby   #配置关联监控
```

第 32 步，重新查看 HFW1 以及 HFW3 防火墙 vrrp 状态，HFW1 防火墙 VRRP Group 处于 Active 状态，State 处于 Standby 状态；HFW3 防火墙 VRRP Group 处于 Standby 状态，State 处于 Active 状态，说明互联网访问流量是通过 HFW3 防火墙，并且系统已进行状态角色切换。

```
HRP_S[BDNETLAB-HFW1]display vrrp
  GigabitEthernet0/0/2 | Virtual Router 1
    VRRP Group: Active
    State: Standby
    Virtual IP: 10.1.1.100
    Virtual MAC: 0000-5e00-0101
    Primary IP: 10.1.1.1
    Priority Run: 120
    Priority Config: 100
    Active Priority: 120
    Preempt: YES Delay Time: 0
    Advertisement Timer: 1
    Auth Type: NONE
    Check TTL: YES

HRP_A[BDNETLAB-HFW3]display vrrp
  GigabitEthernet0/0/2 | Virtual Router 1
    VRRP Group: Standby
    State: Active
    Virtual IP: 10.1.1.100
    Virtual MAC: 0000-5e00-0101
    Primary IP: 10.1.1.2
    Priority Run: 120
    Priority Config: 100
    Active Priority: 120
    Preempt: YES Delay Time: 0
    Advertisement Timer: 1
    Auth Type: NONE
    Check TTL: YES
```

第 33 步，查看虚拟机网络连接状态，虚拟机能够连接 10.1.1.100 虚拟网关，互联网访问恢复正常，如图 5-1-5 所示。

至此，基于主备备份模式的双机热备配置完成，需要注意两台防火墙的系统软件版本是否一致，心跳线路是否允许互通等问题。如果生产环境拓扑与本案例相同，两台防火墙互联网接口地址需要配置关联监控，不配置关联监控会导致角色状态不切换，导致互联网访问出现问题。

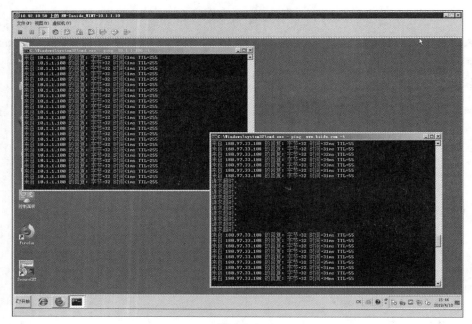

图 5-1-5

2．图形界面配置模式

清空原配置，使用图形界面配置前需要使用命令行配置 GE0/0/2 接口 IP 地址，并将其添加到安全区域。

第 1 步，登录 HFW1 防火墙图形界面，选择网络，可以看到 GE0/0/5 以及 GE0/0/6 接口未进行配置，如图 5-1-6 所示。

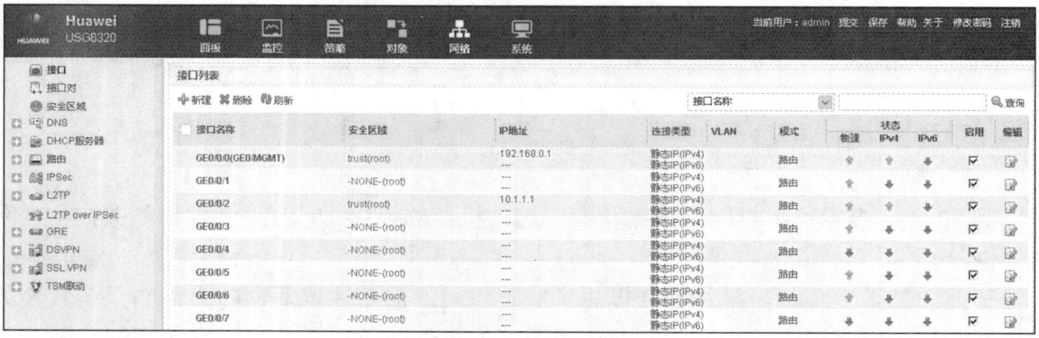

图 5-1-6

第 2 步，配置 HFW1 防火墙 GigabitEthernet0/0/6 接口 IP 地址并将其添加到相应区域，如图 5-1-7 所示，单击"确定"按钮。

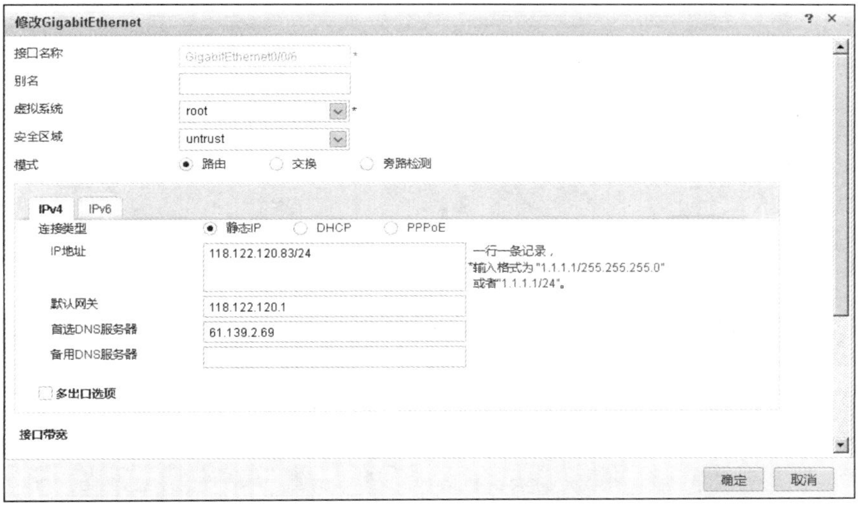

图 5-1-7

　　第 3 步，配置 HFW1 防火墙 GigabitEthernet0/0/5 接口 IP 地址并将其添加到相应区域，如图 5-1-8 所示，单击"确定"按钮。

图 5-1-8

　　第 4 步，确认 HFW1 防火墙接口 IP 地址以及区域配置是否正确，如图 5-1-9 所示。
　　第 5 步，配置 HFW1 防火墙基本安全策略，如图 5-1-10 所示。

图 5-1-9

图 5-1-10

第 6 步，配置 HFW1 防火墙基本源 NAT 策略，如图 5-1-11 所示。

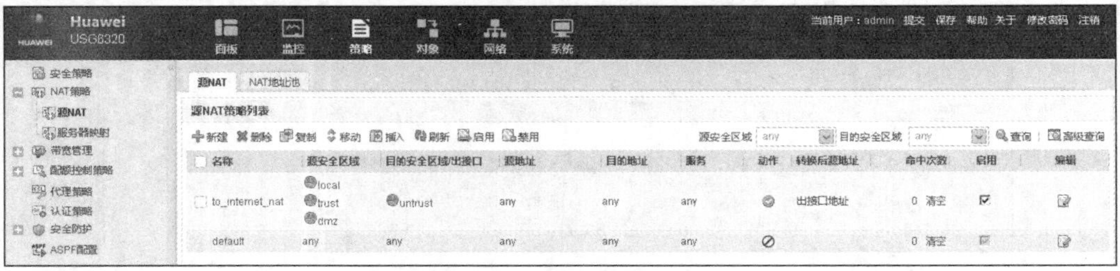

图 5-1-11

第 7 步，选择系统，可以看到 HFW1 防火墙双机热备未配置，如图 5-1-12 所示，单击"配置"按钮。

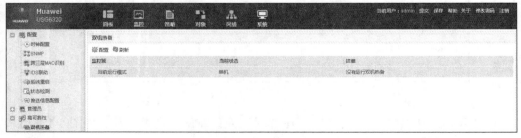

图 5-1-12

第 8 步，参考图 5-1-13 配置 HFW1 防火墙双机热备相关参数，单击"确定"按钮。

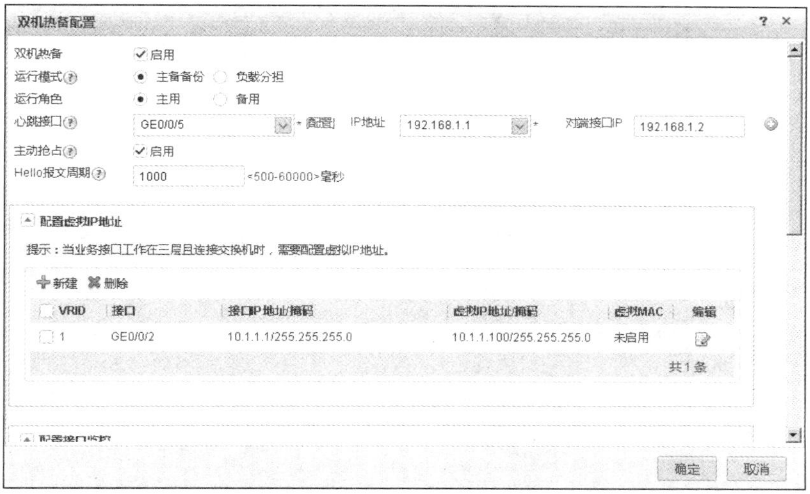

图 5-1-13

第 9 步，配置接口监控，勾选 GE0/0/6 为监控接口，如图 5-1-14 所示，单击"确定"按钮。

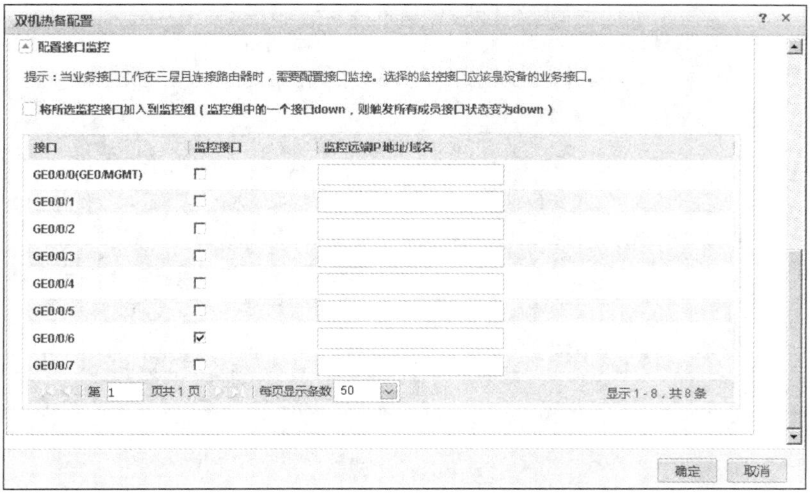

图 5-1-14

第 10 步，完成 HFW1 防火墙双机热备的配置，由于 HFW3 防火墙还未进行配置，当前心跳接口显示为空，如图 5-1-15 所示。

第 11 步，打开虚拟机控制台查看网络访问情况，虚拟机网关地址为 10.1.1.100，访问互联网正常，如图 5-1-16 所示。

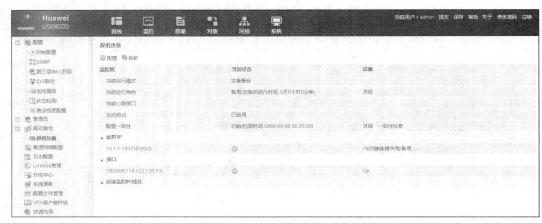

图 5-1-15

图 5-1-16

第 12 步，配置 HFW3 防火墙接口 IP 地址并将其添加到相应区域，如图 5-1-17 所示。

第 13 步，配置 HFW3 防火墙基本安全策略，如图 5-1-18 所示。

第 14 步，配置 HFW3 防火墙基本源 NAT 策略，如图 5-1-19 所示。

图 5-1-17

图 5-1-18

图 5-1-19

第 15 步，选择系统，可以看到 HFW3 防火墙双机热备未配置，如图 5-1-20 所示，单击"配置"按钮。

图 5-1-20

第 16 步，参考图 5-1-21 配置 HFW3 防火墙双机热备相关参数，单击"确定"按钮。

第 17 步，配置接口监控，勾选 GE0/0/6 为监控接口，如图 5-1-22 所示，单击"确定"按钮。

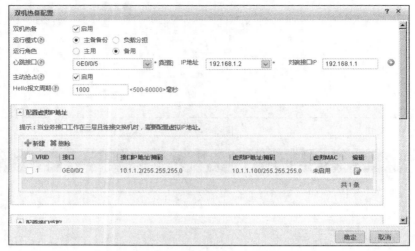

图 5-1-21

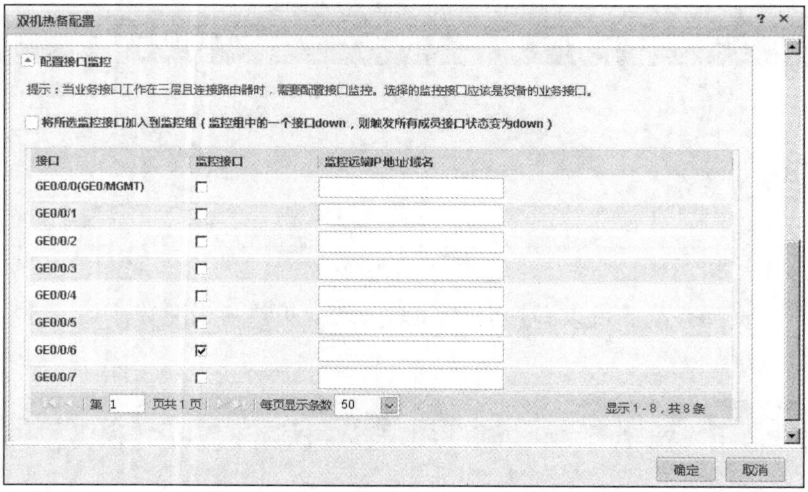

图 5-1-22

第 18 步，完成 HFW3 防火墙双机热备的配置，当前心跳接口显示正常，配置一致性状态处于初始状态，如图 5-1-23 所示，单击"一致性检查"。

第 19 步，一致性检查完成后，配置一致性状态显示配置相同，HFW3 防火墙角色为备用状态，如图 5-1-24 所示。

第 20 步，一致性检查完成后，HFW1 防火墙角色为主用状态，如图 5-1-25 所示。

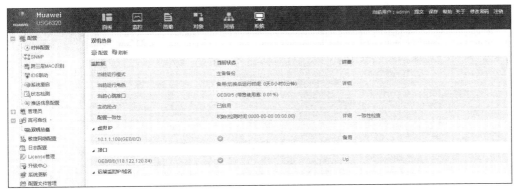

图 5-1-23

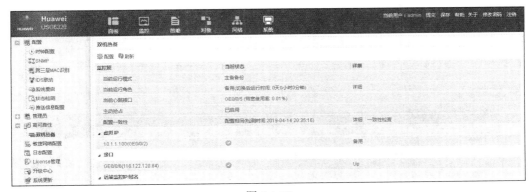

图 5-1-24

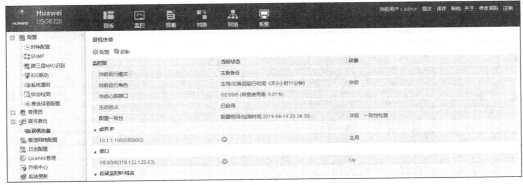

图 5-1-25

第 21 步，查看 HFW1 防火墙会话表，如图 5-1-26 所示。

第 22 步，查看 HFW3 防火墙会话表，会话与 HFW1 防火墙进行同步，如图 5-1-27 所示。如果不同步，请检查配置。

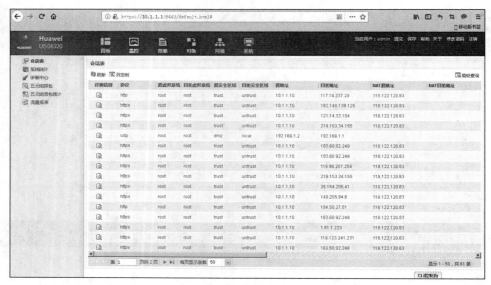

图 5-1-26

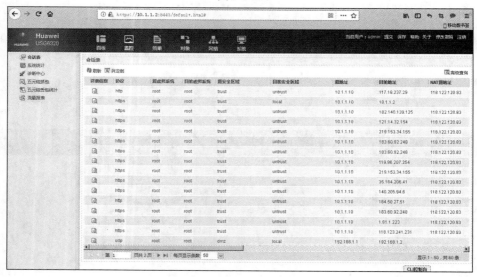

图 5-1-27

第 23 步，关闭 HFW1 防火墙 GE0/0/2 接口后，HFW3 防火墙角色切换为主用状态，如图 5-1-28 所示。

第 24 步，查看虚拟机网络连接状态，虚拟机能够连接 10.1.1.100 虚拟网关以及访问互联网，如图 5-1-29 所示。这说明防火墙双机热备状态正常，没有出现由于内网接口故障导致的网络中断。

图 5-1-28

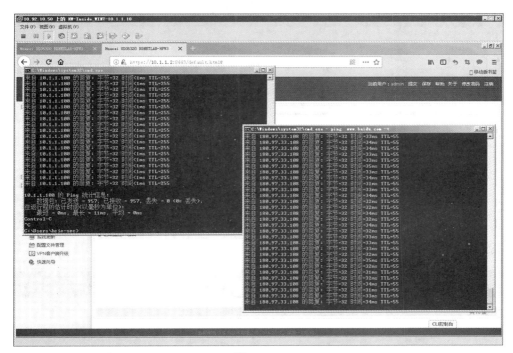

图 5-1-29

第 25 步，恢复 HFW1 防火墙 GE0/0/2 接口，HFW1 防火墙进行了抢占，角色切换回主用状态，如图 5-1-30 所示。

第 26 步，恢复 HFW1 防火墙 GE0/0/2 接口后，HFW3 防火墙角色切换回备用状态，如图 5-1-31 所示。

图 5-1-30

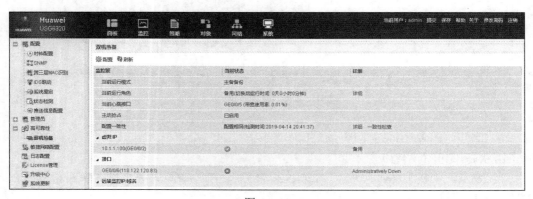

图 5-1-31

第 27 步，关闭 HFW1 防火墙 GE0/0/6 接口后，HFW1 防火墙角色切换为备用状态，如图 5-1-32 所示。因此配置双机热备时配置了接口监控。

图 5-1-32

第 28 步，当 HFW1 防火墙 GE0/0/6 接口关闭后，HFW3 防火墙角色切换回主用状态，如图 5-1-33 所示。

图 5-1-33

第 29 步，查看虚拟机网络连接状态，虚拟机能够连接 10.1.1.100 虚拟网关以及互联网地址，没有出现由于接口故障导致的网络中断，如图 5-1-34 所示。

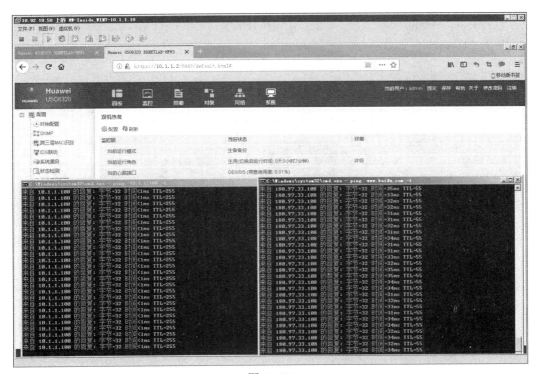

图 5-1-34

至此，使用图形界面配置主备备份模式的双机热备完成，在生产环境中可以选择适合自己的方式进行配置。

5.2　配置负载分担模式的双机热备

主备备份双机热备是比较常用的模式，在这种模式下处于 Standby 状态的防火墙，无论是设备还是互联网线路始终处于未使用状态，当 Active 设备发生故障后才能切换使用，这样不仅浪费设备，更浪费线路资源。华为 USG 防火墙除了提供主备备份模式外，还提供负载分担模式的双机热备，这样解决了资源浪费问题。

5.2.1　实验目的

配置 HFW1 防火墙以及 HFW3 防火墙为负载分担模式，两台防火墙均可以访问互联网，虚拟机访问互联网时防火墙使用负载分担模式，对外访问流量分布在两台防火墙。

5.2.2　实验设备

华为 USG6320 防火墙 2 台（简称 HFW1、HFW3），虚拟机 HW-Inside_WIN7、虚拟机 HW-Trust_WIN08。

5.2.3　实验拓扑

实验拓扑如图 5-2-1 所示。

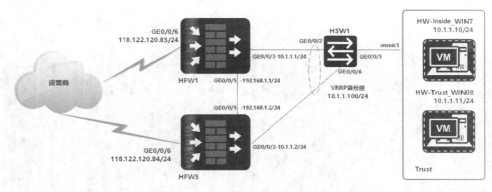

图 5-2-1

5.2.4　实验步骤

负载分担模式可以在主备备份配置的基础上进行调整，基础配置参考 5.1 节。

1．命令行配置模式

第 1 步，调整 HFW1 防火墙备份模式，从主备备份模式调整为负载分担模式，调整前先使用 undo hrp active-device 命令，否则会报错。

```
HRP_A[BDNETLAB-HFW1]undo hrp active-device
HRP_A[BDNETLAB-HFW1]hrp loadbalance-device    #配置负载分担模式
```

第 2 步，调整 HFW3 防火墙备份模式，从主备备份模式调整为负载分担模式。

```
HRP_S[BDNETLAB-HFW3]undo hrp standby-device
HRP_S[BDNETLAB-HFW3]hrp loadbalance-device    #配置负载分担模式
```

第 3 步，打开虚拟机 HW-Inside_WIN7 控制台，访问互联网，产生访问流量，如图 5-2-2 所示。

图 5-2-2

第 4 步，打开虚拟机 HW-Trust_WIN08 控制台，访问互联网，产生访问流量，如图 5-2-3 所示。

第 5 步，查看 HFW1 防火墙会话列表，可以看到 HFW1 防火墙收到来自两台虚拟机的互联网访问，说明虚拟机通过 HFW1 互联网接口访问互联网。

```
HRP_A[BDNETLAB-HFW1]display firewall session table
Current Total Sessions: 114
  https VPN:public --> public 10.1.1.10:49554[118.122.120.83:2048]-->
125.66.85.252:443
  http VPN:public --> public 10.1.1.11:49366[118.122.120.83:2099]-->
117. 18.237.29:80
```

```
    dns VPN:public --> public 10.1.1.11:52493[118.122.120.83:5160]-->61.
139.2.69:53
    https VPN:public --> public 10.1.1.10:49490[118.122.120.83:2050]-->182.
136.72.133:443
    http VPN:public --> public 10.1.1.11:49372[118.122.120.83:2104]-->117.
18.237.29:80
    https VPN:public --> public 10.1.1.10:49629[118.122.120.83:2049]-->
118.123.241.231:443
    http VPN:public --> public 10.1.1.11:49400[118.122.120.83:2108]-->
117.18.237.29:80
    ......
```

图 5-2-3

第 6 步，查看 HFW3 防火墙会话列表，可以看到 HFW3 防火墙也收到来自两台虚拟机的互联网访问，但是只有部分访问使用 HFW3 互联网接口访问互联网，说明负载分担生效。

```
    HRP_S[BDNETLAB-HFW3]display firewall session table
    Current Total Sessions : 19
    dns VPN:public --> public Remote 10.1.1.11:50961[118.122.120.83:5189]-->
61.139.2.69:53
    http VPN:public --> public Remote 10.1.1.11:49551[118.122.120.83:2115]-->
117.18.237.29:80
    dns VPN:public --> public Remote 10.1.1.10:50848[118.122.120.83:5186]-->
61.139.2.69:53
    netbios-name VPN:public --> public   Remote 10.1.1.11:137-->10.1.1.255:137
```

```
msn-stun VPN:public --> public 10.1.1.11:53058[118.122.120.84:2048]-->
54.172.47.69:3478
https VPN:public --> public 10.1.1.10:49656-->10.1.1.2:8443
......
```

2. 图形界面配置模式

第 1 步，查看 HFW1 防火墙双机热备配置，目前处于主备备份模式，如图 5-2-4 所示，单击"配置"按钮。

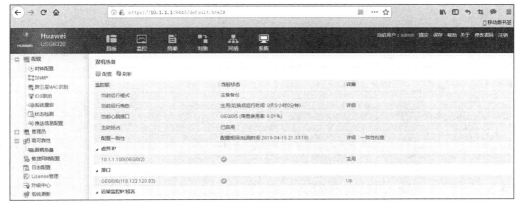

图 5-2-4

第 2 步，调整 HFW1 防火墙双机热备模式为负载分担，其余参数保持不变，如图 5-2-5 所示，单击"确定"按钮。

图 5-2-5

第 3 步，特别注意运行模式发生变化可能导致业务中断，如图 5-2-6 所示。建议在非工作时间进行调整。

第 4 步，HFW1 防火墙双机热备模式已调整为负载分担，如图 5-2-7 所示。

第 5 步，查看 HFW3 防火墙双机热备配置，目前处于主备备份模式，如图 5-2-8 所示，单击"配置"按钮。

图 5-2-6

图 5-2-7

图 5-2-8

第 6 步，调整 HFW1 防火墙双机热备模式为负载分担，其余参数保持不变，如图 5-2-9 所示，单击"确定"按钮。

第 7 步，特别注意运行模式发生变化可能导致业务中断，如图 5-2-10 所示。建议在非工作时间进行调整。

图 5-2-9

图 5-2-10

第 8 步，HFW3 防火墙双机热备模式已调整为负载分担，如图 5-2-11 所示。

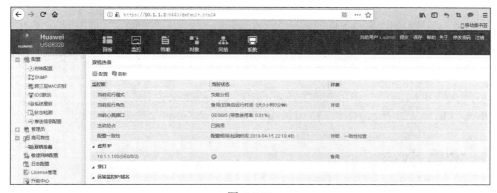

图 5-2-11

第 9 步，查看 HFW1 防火墙会话表，可以看到 HFW1 防火墙收到来自两台虚拟机的互联网访问，说明虚拟机通过 HFW1 互联网接口访问互联网，如图 5-2-12 所示。

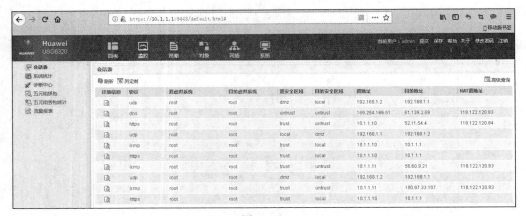

图 5-2-12

第 10 步，查看 HFW3 防火墙会话表，可以看到 HFW3 防火墙也收到来自两台虚拟机的互联网访问，但是只有部分访问使用 HFW3 互联网接口访问互联网，说明负载分担生效，如图 5-2-13 所示。

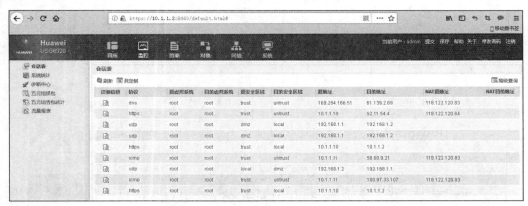

图 5-2-13

至此，防火墙两种常用的双机热备介绍完成，整体来说，配置并不复杂，用户可以根据生产环境的实际情况选择使用主备备份还是负载分担模式。

5.3　本章小结

本章介绍了如何配置防火墙双机热备，在生产环境中可以根据实际需求选择适合企业的双机热备方式，企业如果有多条互联网线路，推荐选择负载分担模式的双机热备方式，这样可以充分利用现有防火墙以及线路资源。

第 6 章
配置使用 VPN

企业分支机构的互联可以使用 SDH、MSTP、MPLS VPN 等运营商提供线路，这样的线路安全性高，但成本也相对较高。对于成本预算有限的企业来说，可以依托互联网使用 VPN 技术来实现分支机构之间的互联。目前各种 VPN 技术在企业生产环境中大量使用。本章介绍多种 VPN 配置。

本章要点
- 配置使用 GRE VPN
- 配置使用 L2TP VPN
- 配置使用 IPSec VPN
- 配置使用 SSL VPN
- 配置使用 GRE over IPSec VPN
- 配置使用 L2TP over IPSec VPN
- 配置使用 DSVPN

6.1　配置使用 GRE VPN

GRE VPN 是早期出现的 VPN 技术，通过使用三层隧道协议 GRE 实现互联，其配置维护相对简单，对于安全性要求不是太高的企业可以选择使用。

6.1.1　实验目的

HFW1 防火墙使用电信线路，HFW2 防火墙使用联通线路，两台防火墙可以访问互联网，配置 GRE VPN，通过使用 GRE VPN 实现 HFW1 防火墙以及 HFW2 防火墙所属两个私有网段的相互访问。

6.1.2　实验设备

华为 USG6320 防火墙 2 台（简称 HFW1、HFW2），虚拟机 HW-Inside_WIN7、虚拟机 HW-Untrust_WIN7。

6.1.3　实验拓扑

实验拓扑如图 6-1-1 所示。

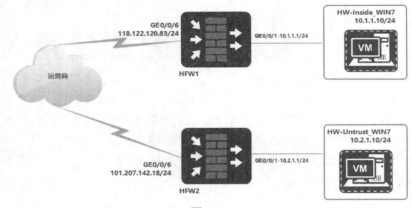

图 6-1-1

6.1.4　实验步骤

为保证实验效果，本节实验清空设备原配置后再进行配置操作。

1．命令行配置模式

第 1 步，配置 HFW1 防火墙 GigabitEthernet 0/0/1 接口，该接口用于连接内部网络，允许 ping 以及 https 访问。

```
[BDNETLAB-HFW1]interface GigabitEthernet 0/0/1
[BDNETLAB-HFW1-GigabitEthernet0/0/1]ip address 10.1.1.1 24
[BDNETLAB-HFW1-GigabitEthernet0/0/1]service-manage ping permit
[BDNETLAB-HFW1-GigabitEthernet0/0/1]service-manage https permit
```

第 2 步，配置 HFW1 防火墙 GigabitEthernet 0/0/6 接口，该接口用于连接互联网。

```
[BDNETLAB-HFW1]interface GigabitEthernet 0/0/6
[BDNETLAB-HFW1-GigabitEthernet0/0/6]ip address 118.122.120.83 24
[BDNETLAB-HFW1-GigabitEthernet0/0/6]gateway 118.122.120.1
[BDNETLAB-HFW1]dns server bind interface GigabitEthernet 0/0/6 preferred
61.139.2.69 #dns 地址为可选配置
```

第 3 步，将配置好的接口添加到相应的区域。

```
[BDNETLAB-HFW1]firewall zone trust
[BDNETLAB-HFW1-zone-trust]add interface GigabitEthernet 0/0/1
[BDNETLAB-HFW1-zone-trust]display this
#
firewall zone trust
 set priority 85
 add interface GigabitEthernet0/0/0
 add interface GigabitEthernet0/0/1
#
return
[BDNETLAB-HFW1]firewall zone untrust
[BDNETLAB-HFW1-zone-untrust]add interface GigabitEthernet 0/0/6
[BDNETLAB-HFW1-zone-untrust]display this
#
firewall zone untrust
 set priority 5
 add interface GigabitEthernet0/0/6
#
return
```

第 4 步，配置 HFW1 防火墙安全策略，配置的是站点之间的 GRE VPN，源区域和目标区域都添加 local、trust、untrust 区域，也可以配置多条细化安全策略。

```
[BDNETLAB-HFW1]security-policy
[BDNETLAB-HFW1-policy-security]rule name gre_vpn
[BDNETLAB-HFW1-policy-security-rule-gre_vpn]source-zone local trust untrust
[BDNETLAB-HFW1-policy-security-rule-gre_vpn]destination-zone local trust
untrust
[BDNETLAB-HFW1-policy-security-rule-gre_vpn]action permit
[BDNETLAB-HFW1-policy-security-rule-gre_vpn]display this
#
 rule name gre_vpn
  source-zone local
  source-zone trust
  source-zone untrust
  destination-zone local
  destination-zone trust
  destination-zone untrust
  action permit
#
return
```

第 5 步，配置 HFW1 防火墙源 NAT 策略，如果防火墙内部网络不需要访问互联网，可以不配置。

```
[BDNETLAB-HFW1]nat-policy
[BDNETLAB-HFW1-policy-nat]rule name gre_nat
[BDNETLAB-HFW1-policy-nat-rule-gre_nat]destination-zone untrust
[BDNETLAB-HFW1-policy-nat-rule-gre_nat]action nat easy-ip
[BDNETLAB-HFW1-policy-nat-rule-gre_nat]display this
#
 rule name gre_nat
  destination-zone untrust
  action nat easy-ip
#
return
```

第 6 步，HFW1 防火墙访问互联网测试，可以看到 HFW1 防火墙访问互联网正常。

```
[BDNETLAB-HFW1]ping www.baidu.com
Trying DNS server (61.139.2.69)
  PING www.a.shifen.com (180.97.33.108): 56 data bytes, press CTRL_C to break
    Reply from 180.97.33.108: bytes=56 Sequence=1 ttl=56 time=30 ms
    Reply from 180.97.33.108: bytes=56 Sequence=2 ttl=56 time=30 ms
    Reply from 180.97.33.108: bytes=56 Sequence=3 ttl=56 time=30 ms
    Reply from 180.97.33.108: bytes=56 Sequence=4 ttl=56 time=30 ms
    Reply from 180.97.33.108: bytes=56 Sequence=5 ttl=56 time=30 ms

[BDNETLAB-HFW1]ping qq.com
Trying DNS server (61.139.2.69)
  PING qq.com (180.163.26.39): 56 data bytes, press CTRL_C to break
    Reply from 180.163.26.39: bytes=56 Sequence=1 ttl=55 time=30 ms
    Reply from 180.163.26.39: bytes=56 Sequence=2 ttl=55 time=30 ms
    Reply from 180.163.26.39: bytes=56 Sequence=3 ttl=55 time=30 ms
    Reply from 180.163.26.39: bytes=56 Sequence=4 ttl=55 time=30 ms
    Reply from 180.163.26.39: bytes=56 Sequence=5 ttl=55 time=30 ms
```

第 7 步，配置 HFW2 防火墙 GigabitEthernet 0/0/1 接口，该接口用于连接内部网络，允许 ping 以及 https 访问。

```
[BDNETLAB-HFW2]interface GigabitEthernet 0/0/1
[BDNETLAB-HFW2-GigabitEthernet0/0/1]ip address 10.2.1.1 24
[BDNETLAB-HFW2-GigabitEthernet0/0/1]service-manage ping permit
[BDNETLAB-HFW2-GigabitEthernet0/0/1]service-manage https permit
```

第 8 步，配置 HFW2 防火墙 GigabitEthernet 0/0/6 接口，该接口用于连接互联网。

```
[BDNETLAB-HFW2]interface GigabitEthernet 0/0/6
[BDNETLAB-HFW2-GigabitEthernet0/0/6]ip address 101.207.142.18 24
```

```
[BDNETLAB-HFW2-GigabitEthernet0/0/6]gateway 101.207.142.1
[BDNETLAB-HFW2]dns server bind interface GigabitEthernet 0/0/6 preferred
119.6.6.6
```

第 9 步，将配置好的接口添加到相应的区域。

```
[BDNETLAB-HFW2]firewall zone trust
[BDNETLAB-HFW2-zone-trust]add interface GE0/0/1
[BDNETLAB-HFW2-zone-trust]display this
#
firewall zone trust
 set priority 85
 add interface GigabitEthernet0/0/0
 add interface GigabitEthernet0/0/1

[BDNETLAB-HFW2]firewall zone untrust
[BDNETLAB-HFW2-zone-untrust]add interface GigabitEthernet 0/0/6
[BDNETLAB-HFW2-zone-untrust]display this
#
firewall zone untrust
 set priority 5
 add interface GigabitEthernet0/0/6
#
return
```

第 10 步，配置 HFW2 防火墙安全策略，与 HFW1 防火墙相同，配置的是站点之间的 GRE VPN，源区域和目标区域都添加 local、trust、untrust 区域，也可以配置多条细化安全策略。

```
[BDNETLAB-HFW2]security-policy
[BDNETLAB-HFW2-policy-security-rule-gre_vpn]source-zone local trust untrust
[BDNETLAB-HFW2-policy-security-rule-gre_vpn]destination-zone local trust
untrust
[BDNETLAB-HFW2-policy-security-rule-gre_vpn]action permit
[BDNETLAB-HFW2-policy-security-rule-gre_vpn]display this
#
 rule name gre_vpn
  source-zone local
  source-zone trust
  source-zone untrust
  destination-zone local
  destination-zone trust
  destination-zone untrust
  action permit
```

```
#
return
```

第 11 步，配置 HFW2 防火墙源 NAT 策略，如果防火墙内部网络不需要访问互联网，可以不配置。

```
[BDNETLAB-HFW2]nat-policy
[BDNETLAB-HFW2-policy-nat]rule name gre_nat
[BDNETLAB-HFW2-policy-nat-rule-gre_nat]destination-zone untrust
[BDNETLAB-HFW2-policy-nat-rule-gre_nat]action nat easy-ip
[BDNETLAB-HFW2-policy-nat-rule-gre_nat]display this
#
 rule name gre_nat
  destination-zone untrust
  action nat easy-ip
#
return
```

第 12 步，HFW2 防火墙访问互联网测试，可以看到 HFW2 防火墙访问互联网正常。

```
[BDNETLAB-HFW2]ping www.baidu.com
Trying DNS server (119.6.6.6)
   PING www.a.shifen.com (61.135.169.121): 56 data bytes, press CTRL_C to
break
     Reply from 61.135.169.121: bytes=56 Sequence=1 ttl=56 time=30 ms
     Reply from 61.135.169.121: bytes=56 Sequence=2 ttl=56 time=30 ms
     Reply from 61.135.169.121: bytes=56 Sequence=3 ttl=56 time=30 ms
     Reply from 61.135.169.121: bytes=56 Sequence=4 ttl=56 time=30 ms
     Reply from 61.135.169.121: bytes=56 Sequence=5 ttl=56 time=30 ms

[BDNETLAB-HFW2]ping www.aliyun.com
Trying DNS server (119.6.6.6)
   PING v6wagbridge.aliyun.com.gds.alibabadns.com (106.11.93.21): 56 data
bytes, press CTRL_C to break
     Reply from 106.11.93.21: bytes=56 Sequence=1 ttl=232 time=40 ms
     Reply from 106.11.93.21: bytes=56 Sequence=2 ttl=232 time=40 ms
     Reply from 106.11.93.21: bytes=56 Sequence=3 ttl=232 time=40 ms
     Reply from 106.11.93.21: bytes=56 Sequence=4 ttl=232 time=40 ms
     Reply from 106.11.93.21: bytes=56 Sequence=5 ttl=232 time=40 ms
```

第 13 步，配置 HFW1 防火墙 Tunnel 接口作为 GRE VPN 隧道接口。

```
[BDNETLAB-HFW1]interface Tunnel 0          #使用 Tunnel 0 作为 GRE VPN 隧道接口
[BDNETLAB-HFW1-Tunnel0]tunnel-protocol gre            #启用 gre 协议
[BDNETLAB-HFW1-Tunnel0]ip address 192.168.1.1 24      #配置隧道 IP 地址
```

```
[BDNETLAB-HFW1-Tunnel0]source 118.122.120.83          #配置本地地址作为源地址
[BDNETLAB-HFW1-Tunnel0]destination 101.207.142.18     #配置对端地址作为目标地址
[BDNETLAB-HFW1-Tunnel0]display this
#
interface Tunnel0
 ip address 192.168.1.1 255.255.255.0
 tunnel-protocol gre
 source 118.122.120.83
 destination 101.207.142.18
#
return
```

第 14 步，将创建的 Tunnel 接口添加到 untrust 区域。

```
[BDNETLAB-HFW1]firewall zone untrust
[BDNETLAB-HFW1-zone-untrust]add interface Tunnel 0
[BDNETLAB-HFW1-zone-untrust]display this
#
firewall zone untrust
 set priority 5
 add interface GigabitEthernet0/0/6
 add interface Tunnel0
#
return
```

第 15 步，配置 GRE VPN 访问对端网络的静态路由，下一跳地址指向 Tunnel 0。

```
[BDNETLAB-HFW1]ip route-static 10.2.1.0 24 Tunnel 0    #配置访问对端网络的静态路由
[BDNETLAB-HFW1]display ip routing-table                #查看静态路由表
Route Flags: R - relay, D - download to fib
------------------------------------------------------------------
Routing Tables: Public
        Destinations : 12      Routes : 12
Destination/Mask      Proto   Pre Cost  Flags NextHop        Interface
        0.0.0.0/0     Gateway 60  0      D    118.122.120.1  Gigabit Ether
net0/0/6
        10.1.1.0/24   Direct  0   0      D    10.1.1.1       Gigabit Ether
net0/0/1
        10.1.1.1/32   Direct  0   0      D    127.0.0.1      InLoopBack0
        10.2.1.0/24   Static  60  0      D    192.168.1.1    Tunnel0
    118.122.120.0/24  Direct  0   0      D    118.122.120.83 Gigabit Ether
net0/0/6
    118.122.120.83/32 Direct  0   0      D    127.0.0.1      InLoopBack0
        127.0.0.0/8   Direct  0   0      D    127.0.0.1      InLoopBack0
```

```
        127.0.0.1/32   Direct   0    0    D   127.0.0.1      InLoopBack0
        192.168.0.0/24 Direct   0    0    D   192.168.0.1    Gigabit Ether
net0/0/0
        192.168.0.1/32 Direct   0    0    D   127.0.0.1      InLoopBack0
        192.168.1.0/24 Direct   0    0    D   192.168.1.1    Tunnel0
        192.168.1.1/32 Direct   0    0    D   127.0.0.1      InLoopBack0
```

第 16 步，配置 HFW2 防火墙 Tunnel 接口作为 GRE VPN 隧道接口。

```
[BDNETLAB-HFW2]interface Tunnel 0
[BDNETLAB-HFW2-Tunnel0]tunnel-protocol gre
[BDNETLAB-HFW2-Tunnel0]ip address 192.168.1.2 24
[BDNETLAB-HFW2-Tunnel0]source 101.207.142.18
[BDNETLAB-HFW2-Tunnel0]destination 118.122.120.83
[BDNETLAB-HFW2-Tunnel0]display this
#
interface Tunnel0
 ip address 192.168.1.2 255.255.255.0
 tunnel-protocol gre
 source 101.207.142.18
 destination 118.122.120.83
#
return
```

第 17 步，将创建的 Tunnel 接口添加到 untrust 区域。

```
[BDNETLAB-HFW2]firewall zone untrust
[BDNETLAB-HFW2-zone-untrust]add interface Tunnel 0
[BDNETLAB-HFW2-zone-untrust]display this
#
firewall zone untrust
 set priority 5
 add interface GigabitEthernet0/0/6
 add interface Tunnel0
#
return
```

第 18 步，配置 GRE VPN 访问对端网络的静态路由。

```
[BDNETLAB-HFW2]ip route-static 10.1.1.0 24 Tunnel 0
[BDNETLAB-HFW2]display ip routing-table
Route Flags: R - relay, D - download to fib
------------------------------------------------------------------------
Routing Tables: Public
        Destinations: 12      Routes: 12
```

```
   Destination/Mask     Proto   Pre  Cost   Flags NextHop        Interface
         0.0.0.0/0     Gateway  60   0       D    101.207.142.1  Gigabit Ethe
rnet0/0/6
      10.1.1.0/24      Static   60   0       D    192.168.1.2    Tunnel0
      10.2.1.0/24      Direct   0    0       D    10.2.1.1       Gigabit Ethe
rnet0/0/1
      10.2.1.1/32      Direct   0    0       D    127.0.0.1      InLoopBack0
   101.207.142.0/24    Direct   0    0       D    101.207.142.18 Gigabit Ethe
rnet0/0/6
   101.207.142.18/32   Direct   0    0       D    127.0.0.1      InLoopBack0
      127.0.0.0/8      Direct   0    0       D    127.0.0.1      InLoopBack0
      127.0.0.1/32     Direct   0    0       D    127.0.0.1      InLoopBack0
    192.168.0.0/24     Direct   0    0       D    192.168.0.1    Gigabit Ethe
rnet0/0/0
    192.168.0.1/32     Direct   0    0       D    127.0.0.1      InLoopBack0
    192.168.1.0/24     Direct   0    0       D    192.168.1.2    Tunnel0
    192.168.1.2/32     Direct   0    0       D    127.0.0.1      InLoopBack0
```

第 19 步，两端配置完成后，查看两台防火墙的 GRE VPN 隧道是否建立，状态是否为 UP。

```
[BDNETLAB-HFW1]display interface Tunnel 0
Tunnel0 current state : UP    #隧道状态为 UP
Line protocol current state: UP
Tunnel0 current firewall zone: untrust
Description: Huawei, USG6300 series, Tunnel0 Interface, Route Port
The Maximum Transmit Unit is 1476 bytes
Internet Address is 192.168.1.1/24
Encapsulation is TUNNEL, loopback not set
Tunnel source: 118.122.120.83 (GigabitEthernet0/0/6), destination: 101.
207.142.18
Tunnel protocol/transport GRE/IP, key disabled
Keepalive disabled
Checksum of packets disabled
QoS max-bandwidth: 1000000 Kbps
Output queue: (Urgent queue: Size/Length/Discards) 0/50/0
Output queue: (Frag queue: Size/Length/Discards) 0/1000/0
Output queue: (Protocol queue: Size/Length/Discards) 0/1000/0
Output queue: (FIFO queue: Size/Length/Discards) 0/256/0
    Last 300 seconds input rate 0 bits/s, 0 packets/s
    Last 300 seconds output rate 24 bits/s, 0 packets/s
    25 packets input, 2100 bytes
    0 input error
    42 packets output, 3528 bytes
    0 output error
```

```
[BDNETLAB-HFW2]display interface Tunnel 0
Tunnel0 current state : UP      #隧道状态为 UP
Line protocol current state: UP
Tunnel0 current firewall zone: untrust
Description: Huawei, USG6300 series, Tunnel0 Interface, Route Port
The Maximum Transmit Unit is 1476 bytes
Internet Address is 192.168.1.2/24
Encapsulation is TUNNEL, loopback not set
Tunnel source: 101.207.142.18 (GigabitEthernet0/0/6), destination: 118.
122.120.83
Tunnel protocol/transport GRE/IP, key disabled
Keepalive disabled
Checksum of packets disabled
QoS max-bandwidth: 100000 Kbps
Output queue: (Urgent queue: Size/Length/Discards) 0/50/0
Output queue: (Frag queue: Size/Length/Discards) 0/1000/0
Output queue: (Protocol queue: Size/Length/Discards) 0/1000/0
Output queue: (FIFO queue: Size/Length/Discards) 0/256/0
    Last 300 seconds input rate 24 bits/s, 0 packets/s
    Last 300 seconds output rate 8 bits/s, 0 packets/s
    53 packets input, 4452 bytes
    0 input error
    44 packets output, 3696 bytes
0 output error
```

第 20 步，查看两台防火墙会话列表是否建立 GRE VPN 会话。

```
[BDNETLAB-HFW1]display firewall session table
Current Total Sessions: 5
  gre VPN:public --> public 118.122.120.83:0-->101.207.142.18:0  #gre
会话建立
    tcp VPN:public --> public 118.122.121.215:22372-->118.122.120.83:1433
    icmp VPN:public --> public 10.1.1.10:2-->10.1.1.1:2048
    https VPN:public --> public 10.1.1.10:49855[118.122.120.83:2048]-->
34.212.93.174:443
    icmp VPN:public --> public 10.1.1.10:2[192.168.1.1:2048]-->10.2.1.10: 2048

[BDNETLAB-HFW2]display firewall session table
 Current Total Sessions: 8
  dns VPN:public --> public 10.2.1.10:58405[101.207.142.18:2074]--> 61.
139.2.69:53
    udp VPN:public --> public 184.105.139.97:19679-->101.207.142.18:1900
    gre VPN:public --> public 118.122.120.83:0-->101.207.142.18:0  #gre
```

会话建立

```
    icmp VPN:public --> public 10.2.1.10:1-->10.2.1.1:2048
    netbios-data VPN:public --> public 192.168.1.1:138[192.168.1.2:2048]-->
192.168.1.255:138
    dns VPN:public --> public 10.2.1.10:59241[101.207.142.18:2075]-->
61.139.2.69:53
    netbios-name VPN:public --> public 116.72.133.244:64520-->101.207.142.
18:137
    icmp VPN:public --> public 192.168.1.1:2048-->10.2.1.10:2048
```

第 21 步，打开虚拟机 HW-Inside_WIN7 控制台，虚拟机 HW-Inside_WIN7 使用
10.1.1.0/24 网络，访问对端 10.2.1.0/24 网络，如图 6-1-2 所示，访问正常，说明 GRE VPN
正常工作。

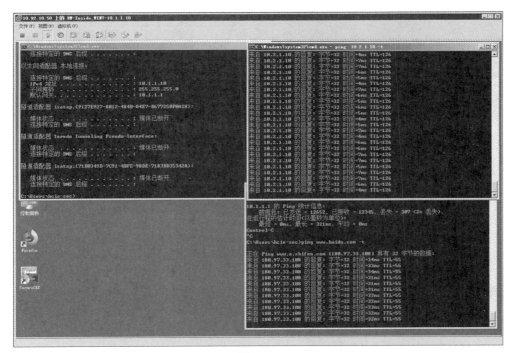

图 6-1-2

第 22 步，打开虚拟机 HW-Untrust_WIN7 控制台，虚拟机 HW-Untrust_WIN7 使用
10.2.1.0/24 网络，访问对端 10.1.1.0/24 网络，访问正常，说明 GRE VPN 正常工作，如图 6-1-3
所示。

至此，使用命令行模式配置 GRE VPN 完成。GRE VPN 配置相对简单，注意 GRE VPN
隧道参数的配置即可。

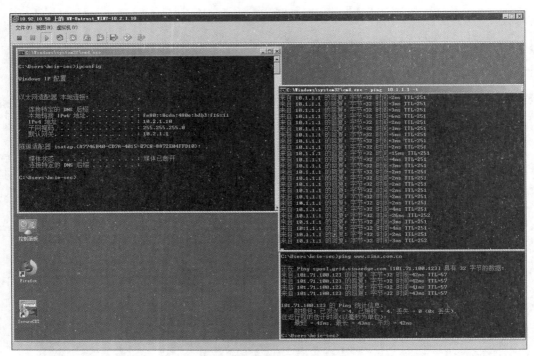

图 6-1-3

2. 图形界面配置模式

清空原配置，使用图形界面配置前需要使用命令行配置 GE0/0/1 接口 IP 地址，并将其添加到安全区域。

第 1 步，登录 HFW1 防火墙图形界面，选择网络，可以看到 GE0/0/6 接口未进行配置，如图 6-1-4 所示。

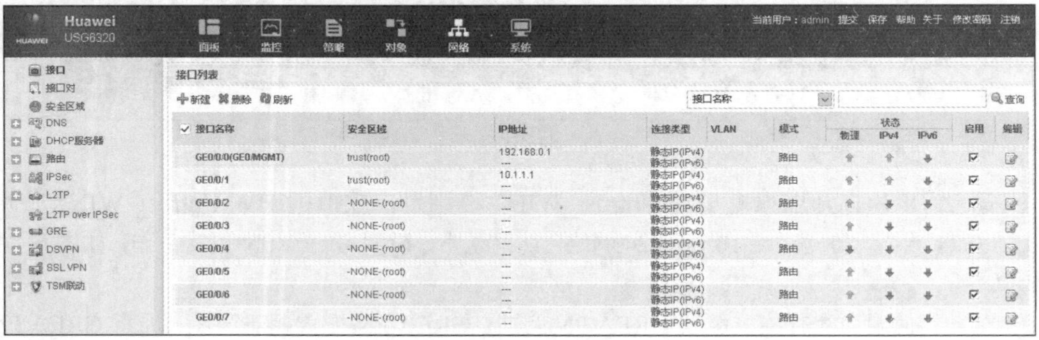

图 6-1-4

第 2 步，配置 HFW1 防火墙 GigabitEthernet0/0/6 接口 IP 地址并将其添加到相应区域，如图 6-1-5 所示，单击"确定"按钮。

图 6-1-5

第 3 步，确认 HFW1 防火墙接口 IP 地址以及区域配置是否正确，如图 6-1-6 所示。

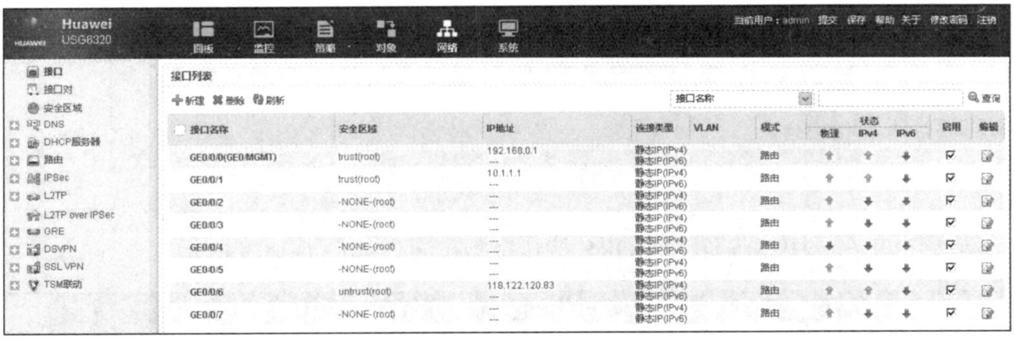

图 6-1-6

第 4 步，配置 HFW1 防火墙基本安全策略，如图 6-1-7 所示。

图 6-1-7

第 5 步，配置 HFW1 防火墙基本源 NAT 策略，如图 6-1-8 所示。

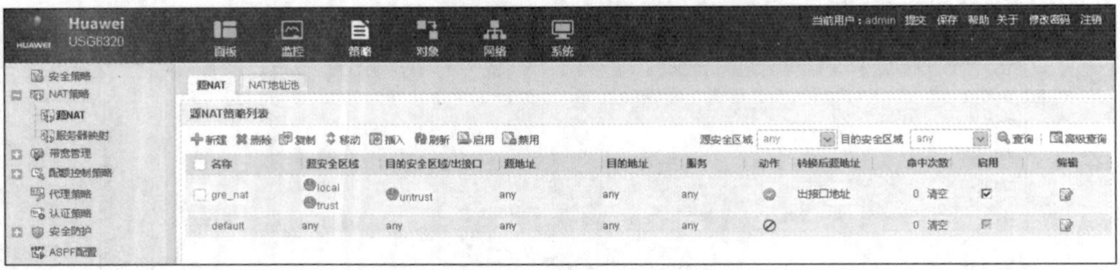

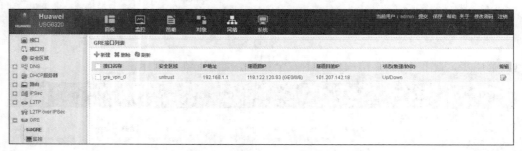

图 6-1-8

第 6 步，配置 HFW1 防火墙 GRE 接口相关参数，如图 6-1-9 所示，单击"确定"按钮。

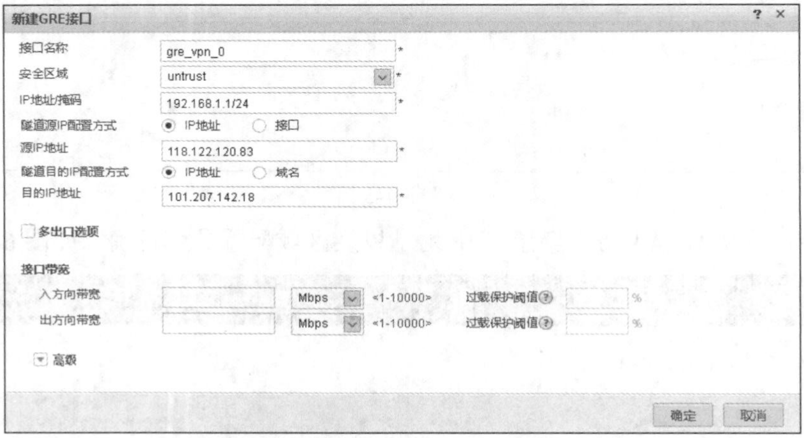

图 6-1-9

第 7 步，完成 HFW1 防火墙 GRE 接口参数配置，如图 6-1-10 所示。

图 6-1-10

第 8 步，配置 HFW1 防火墙访问对端网络的静态路由，如图 6-1-11 所示，单击"确定"按钮。

图 6-1-11

第 9 步，完成 HFW1 防火墙静态路由的配置，如图 6-1-12 所示。

图 6-1-12

第 10 步，登录 HFW2 防火墙图形界面，选择网络，可以看到 GE0/0/6 接口未进行配置，如图 6-1-13 所示。

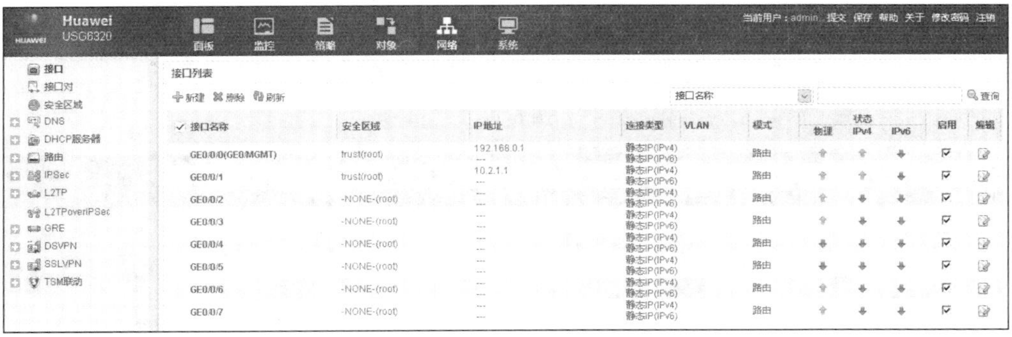

图 6-1-13

第 11 步，配置 HFW2 防火墙 GigabitEthernet0/0/6 接口 IP 地址并将其添加到相应区域，如图 6-1-14 所示，单击"确定"按钮。

第 12 步，确认 HFW2 防火墙接口 IP 地址以及区域配置是否正确，如图 6-1-15 所示。

第 13 步，配置 HFW2 防火墙基本安全策略，如图 6-1-16 所示。

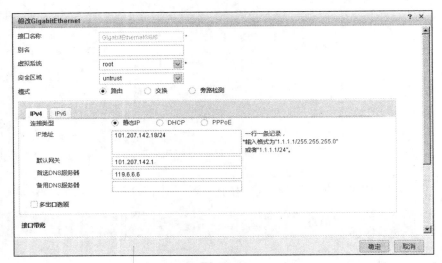

图 6-1-14

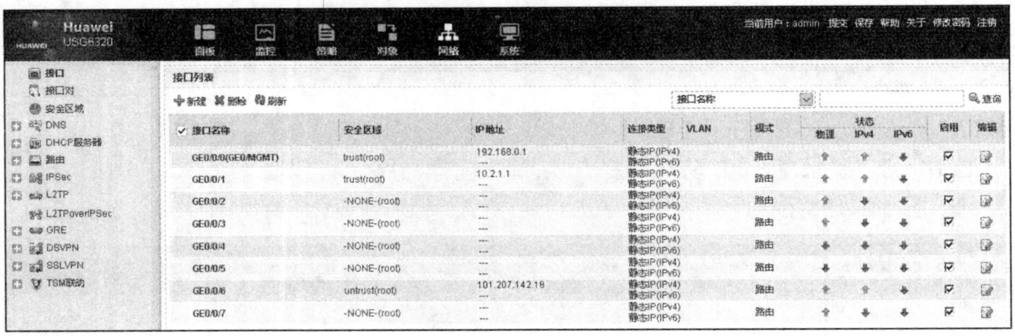

图 6-1-15

图 6-1-16

第 14 步，配置 HFW2 防火墙基本源 NAT 策略，如图 6-1-17 所示。

第 15 步，配置 HFW2 防火墙 GRE 接口参数，如图 6-1-18 所示，单击 "确定" 按钮。

第 16 步，完成 HFW2 防火墙 GRE 接口参数配置，如图 6-1-19 所示。

图 6-1-17

图 6-1-18

图 6-1-19

第 17 步，配置 HFW2 防火墙访问对端网络的静态路由，如图 6-1-20 所示，单击"确定"按钮。

第 18 步，完成 HFW2 防火墙静态路由的配置，如图 6-1-21 所示。

第 19 步，打开虚拟机 HW-Untrust_WIN7 控制台，虚拟机 HW-Untrust_WIN7 使用 10.2.1.0/24 网络，访问对端 10.1.1.0/24 网络，访问正常，说明 GRE VPN 正常工作，如图 6-1-22 所示。

第 20 步，打开虚拟机 HW-Inside_WIN7 控制台，虚拟机 HW-Inside_WIN7 使用 10.1.1.0/24

网络，访问对端 10.2.1.0/24 网络，访问正常，说明 GRE VPN 正常工作，如图 6-1-23 所示。

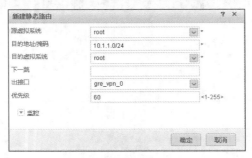

图 6-1-20

图 6-1-21

图 6-1-22

图 6-1-23

第 21 步，查看 HFW1 防火墙会话表，可以看到 GRE 会话信息，如图 6-1-24 所示。

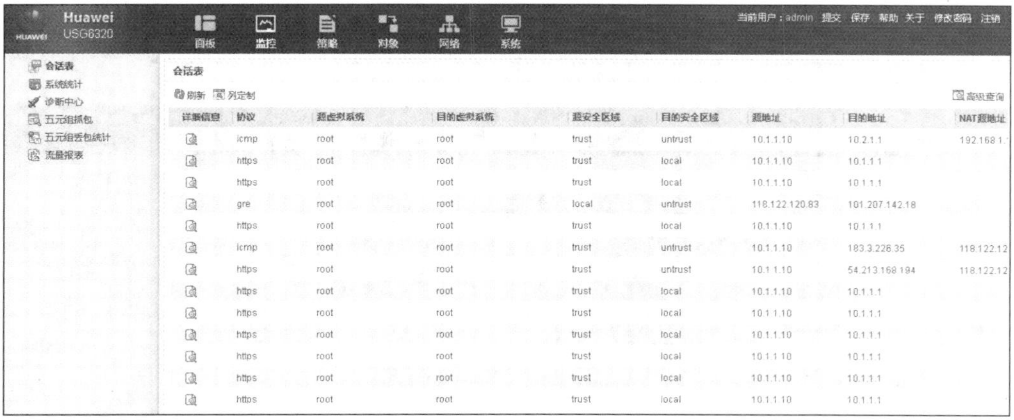

图 6-1-24

第 22 步，查看 HFW1 防火墙 GRE 监控信息，如图 6-1-25 所示。

第 23 步，查看 HFW2 防火墙会话表，可以看到 GRE 会话信息，如图 6-1-26 所示。

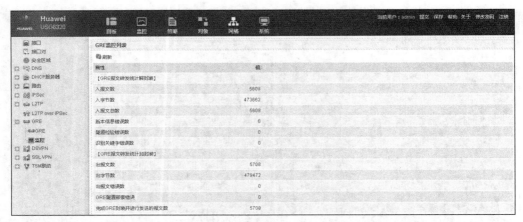

图 6-1-25

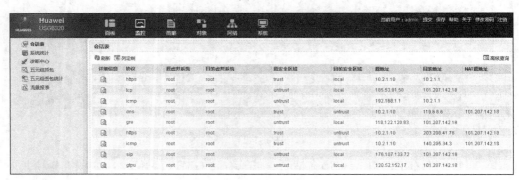

图 6-1-26

第 24 步，查看 HFW2 防火墙 GRE 监控信息，如图 6-1-27 所示。

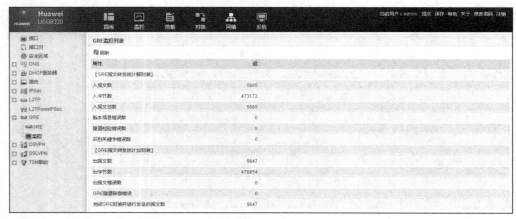

图 6-1-27

至此，使用图形界面配置 GRE VPN 完成，与使用命令行配置比较，图形界面配置更直观，用户可以根据实际情况选择适合的配置方式。整体来说，GRE VPN 的配置比较简单，主要就是建立一条隧道传输数据。特别注意 GRE VPN 隧道本端地址以及对端地址的配置，也不要忘记配置到达对方网络的静态路由。

6.2　配置使用 L2TP VPN

GRE VPN 技术解决了分支机构之间互联的问题，L2TP VPN 技术的出现则解决了出差用户以及其他移动用户通过互联网访问内部服务器的问题。

6.2.1　实验目的

配置 HFW2 防火墙 L2TP VPN，移动客户端用户可以通过互联网拨入内部网络，访问内部 IIS 服务器。

6.2.2　实验设备

华为 USG6320 防火墙 1 台（简称 HFW2），虚拟机 HW-Untrust_WIN08 提供 IIS 服务，虚拟机 HW-Inside_WIN7 为 L2TP VPN 客户端。

6.2.3　实验拓扑

实验拓扑如图 6-2-1 所示。

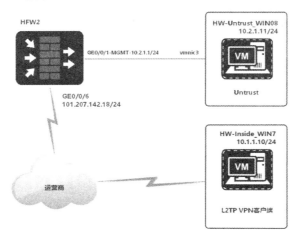

图 6-2-1

6.2.4　实验步骤

为保证实验效果，本节实验清空设备原配置后再进行配置操作。

1．命令行配置模式

第 1 步，公司内部虚拟机 HW-Untrust_WIN08 提供 IIS 服务，如图 6-2-2 所示。

图 6-2-2

第 2 步，虚拟机 HW-Inside_WIN7 为 LZTP VPN 客户端，虚拟机可以访问互联网，但无法访问公司内部 IIS 服务器，如图 6-2-3 所示。

第 3 步，配置 HFW2 防火墙 GigabitEthernet 0/0/1 接口，该接口用于连接内部网络，允许 ping 以及 https 访问。

```
[BDNETLAB-HFW2]interface GigabitEthernet 0/0/1
[BDNETLAB-HFW2-GigabitEthernet0/0/1]ip address 10.2.1.1 24
[BDNETLAB-HFW2-GigabitEthernet0/0/1]service-manage ping permit
[BDNETLAB-HFW2-GigabitEthernet0/0/1]service-manage https permit
[BDNETLAB-HFW2-GigabitEthernet0/0/1]display this
#
interface GigabitEthernet0/0/1
 ip address 10.2.1.1 255.255.255.0
 service-manage https permit
 service-manage ping permit
#
return
```

图 6-2-3

第 4 步，配置 HFW2 防火墙 GigabitEthernet 0/0/6 接口，该接口用于连接互联网。

```
[BDNETLAB-HFW2]interface GigabitEthernet 0/0/6
[BDNETLAB-HFW2-GigabitEthernet0/0/6]ip add 101.207.142.18 24
[BDNETLAB-HFW2-GigabitEthernet0/0/6]gateway 101.207.142.1
[BDNETLAB-HFW2-GigabitEthernet0/0/6]display this
#
interface GigabitEthernet0/0/6
 ip address 101.207.142.18 255.255.255.0
 gateway 101.207.142.1
#
return
```

第 5 步，将配置好的接口添加到相应的区域。

```
[BDNETLAB-HFW2]firewall zone trust
[BDNETLAB-HFW2-zone-trust]add interface GigabitEthernet 0/0/1
[BDNETLAB-HFW2-zone-trust]disp this
#
firewall zone trust
 set priority 85
 add interface GigabitEthernet0/0/0
```

```
    add interface GigabitEthernet0/0/1
    #
    return

[BDNETLAB-HFW2]firewall zone untrust
[BDNETLAB-HFW2-zone-untrust]add interface GigabitEthernet 0/0/6
[BDNETLAB-HFW2-zone-untrust]display this
#
firewall zone untrust
 set priority 5
 add interface GigabitEthernet0/0/6
#
return
```

第 6 步，L2TP VPN 需要使用虚拟模板配置参数，所以需要创建虚拟模板。

```
[BDNETLAB-HFW2]interface Virtual-Template 10              #创建虚拟模板
[BDNETLAB-HFW2-Virtual-Template10]ip address 192.168.1.1 24 #配置 IP 地址
[BDNETLAB-HFW2-Virtual-Template10]ppp authentication-mode chap  #配置身
份验证模式
[BDNETLAB-HFW2-Virtual-Template10]display this
#
interface Virtual-Template10
 ppp authentication-mode chap
 ip address 192.168.1.1 255.255.255.0
#
return
```

第 7 步，启用 l2tp 服务以及配置其他参数。

```
[BDNETLAB-HFW2]l2tp enable   #启用 l2tp

[BDNETLAB-HFW2]l2tp-group 10    #创建 l2tp 组
[BDNETLAB-HFW2-l2tp10]tunnel name l2tp   #配置 l2tp 隧道名
[BDNETLAB-HFW2-l2tp10]allow l2tp virtual-template 10 remote l2tp   # 调用
l2tp 虚拟模板
[BDNETLAB-HFW2-l2tp10]tunnel authentication   #配置隧道认证
[BDNETLAB-HFW2-l2tp10]tunnel password cipher Huawei@123 #配置认证使用的密码
[BDNETLAB-HFW2-l2tp10]display this
#
l2tp-group 10
 allow l2tp virtual-template 10 remote l2tp
```

```
 tunnel password cipher %$%$/zM1$Y~+_3upfH92/}@Oxh_V%$%$
 tunnel name l2tp
#
return
```

第 8 步，创建拨入用户。

```
[BDNETLAB-HFW2]user-manage user l2tpvpn
[BDNETLAB-HFW2-localuser-l2tpvpn]password Huawei@123
[BDNETLAB-HFW2-localuser-l2tpvpn]parent-group /default
[BDNETLAB-HFW2-localuser-l2tpvpn]display this
#
  user-manage user l2tpvpn
  parent-group /default
  bind mode unidirectional
#
return
```

第 9 步，配置客户端使用地址池。

```
[BDNETLAB-HFW2]aaa
[BDNETLAB-HFW2-aaa]domain default
[BDNETLAB-HFW2-aaa-domain-default]ip pool 10 192.168.1.10 192.168.1.20
[BDNETLAB-HFW2-aaa]display this
#
aaa
······（省略）
 domain default
  service-type access internet-access
  ip pool 10 192.168.1.10 192.168.1.20
  reference user current-domain
  new-user deny-authentication
```

第 10 步，配置在虚拟模板中调用分配的客户端地址。

```
[BDNETLAB-HFW2]interface Virtual-Template 10
[BDNETLAB-HFW2-Virtual-Template10]remote address pool 10
[BDNETLAB-HFW2-Virtual-Template10]display this
#
interface Virtual-Template10
 ppp authentication-mode chap
 ip address 192.168.1.1 255.255.255.0
```

```
 remote address pool 10
#
return
```

第 11 步，配置 HFW2 防火墙安全策略，源区域和目标区域都添加 local、trust、untrust 区域，也可以对安全策略进行细化。

```
[BDNETLAB-HFW2]security-policy
[BDNETLAB-HFW2-policy-security]rule name trust_any
[BDNETLAB-HFW2-policy-security-rule-trust_any]source-zone trust untrust
[BDNETLAB-HFW2-policy-security-rule-trust_any]destination-zone untrust trust
[BDNETLAB-HFW2-policy-security-rule-trust_any]action permit
[BDNETLAB-HFW2-policy-security-rule-trust_any]display this
#
 rule name trust_any
  source-zone trust
  source-zone untrust
  destination-zone untrust
  destination-zone trust
  action permit
#
return

[BDNETLAB-HFW2-policy-security]rule name local_any
[BDNETLAB-HFW2-policy-security-rule-local_any]source-zone local untrust
[BDNETLAB-HFW2-policy-security-rule-local_any]destination-zone untrust local
[BDNETLAB-HFW2-policy-security-rule-local_any]action permit
[BDNETLAB-HFW2-policy-security-rule-local_any]display this
#
 rule name local_any
  source-zone local
  source-zone untrust
  destination-zone untrust
  destination-zone local
  action permit
#
return
```

第 12 步，安装运行 SecoClient 客户端（华为官方网站提供下载），如图 6-2-4 所示，单击“新建”按钮。

第 13 步，新建 L2TP VPN 连接，参数如图 6-2-5 所示，单击“确定”按钮。

图 6-2-4

图 6-2-5

第 14 步，输入分配的服务器地址、用户名以及密码，如图 6-2-6 所示，单击"登录"按钮。

第 15 步，如果配置正确，客户端可以正常连接，如图 6-2-7 所示。

图 6-2-6

图 6-2-7

第 16 步，查看客户端信息，客户端获取服务器分配的 IP 地址，访问公司内部 IIS 服务器正常，如图 6-2-8 所示。

第 17 步，使用命令查看隧道建立情况，可以看到客户端使用的 IP 地址。

```
[BDNETLAB-HFW2]display l2tp tunnel
Total tunnel = 1
  LocalTID RemoteTID RemoteAddress    Port   Sessions RemoteName
  1        11        118.122.120.83  2050    1        l2tp
```

图 6-2-8

第 18 步，使用命令查看会话，目前客户端为 1。

```
[BDNETLAB-HFW2]display l2tp session
Total session = 1
 LocalSID   RemoteSID   LocalTID
  3            11          1
```

第 19 步，使用命令查看防火墙会话列表，可以看到两端的会话情况。

```
[BDNETLAB-HFW2]display firewall session table
Current Total Sessions: 2
  ntp VPN:public --> public 185:25.204.80:34915-->101.207.142.18:123
  l2tp VPN:public --> public 118.122.120.83:2050-->101.207.142.18:1701
```

至此，使用命令行配置 L2TP VPN 完成，其重点在于 L2TP VPN 相关参数配置。

2．图形界面配置模式

清空原配置，使用图形界面配置前需要使用命令行配置 GE0/0/1 接口 IP 地址，并将其添加到安全区域。

第 1 步，登录 HFW2 防火墙图形界面，选择网络，可以看到 GE0/0/6 接口未进行配置，如图 6-2-9 所示。

第 2 步，配置 HFW2 防火墙 GigabitEthernet0/0/6 接口 IP 地址并将其添加到相应区域，如图 6-2-10 所示。

图 6-2-9

图 6-2-10

第 3 步，确认 HFW2 防火墙接口 IP 地址以及区域配置是否正确，如图 6-2-11 所示。

图 6-2-11

第 4 步，默认情况下 L2TP 相关参数未配置，如图 6-2-12 所示，单击"新建"按钮。

图 6-2-12

第 5 步，配置 L2TP 基本参数，如图 6-2-13 所示，单击"确定"按钮。

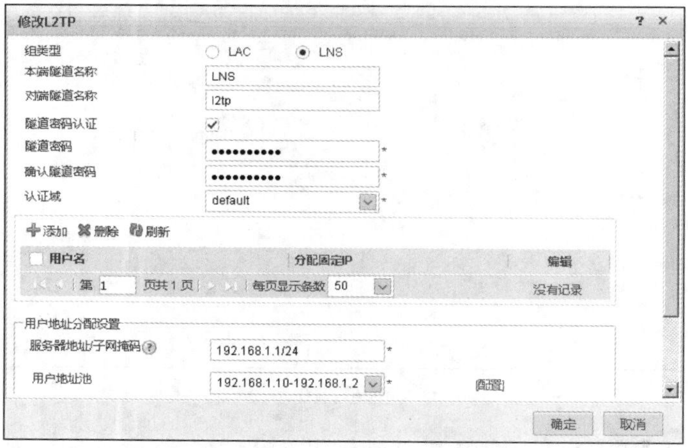

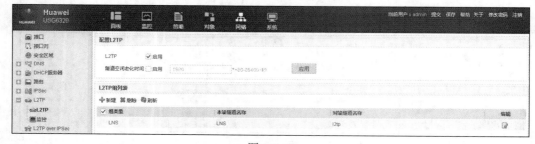

图 6-2-13

第 6 步，完成 L2TP 参数配置，勾选 L2TP，如图 6-2-14 所示，单击"应用"按钮。

图 6-2-14

第 7 步，新建用于拨入的用户，如图 6-2-15 所示，单击"确定"按钮。

图 6-2-15

第 8 步，确认新建的拨入用户是否正确，如图 6-2-16 所示。

图 6-2-16

第 9 步，选择系统，可以看到 HFW2 防火墙安全策略未配置，如图 6-2-17 所示，单击"新建"按钮。

图 6-2-17

第 10 步，新建名为 trust_any 的安全策略，如图 6-2-18 所示，单击"确定"按钮。

第 11 步，新建名为 local_any 的安全策略，如图 6-2-19 所示，单击"确定"按钮。

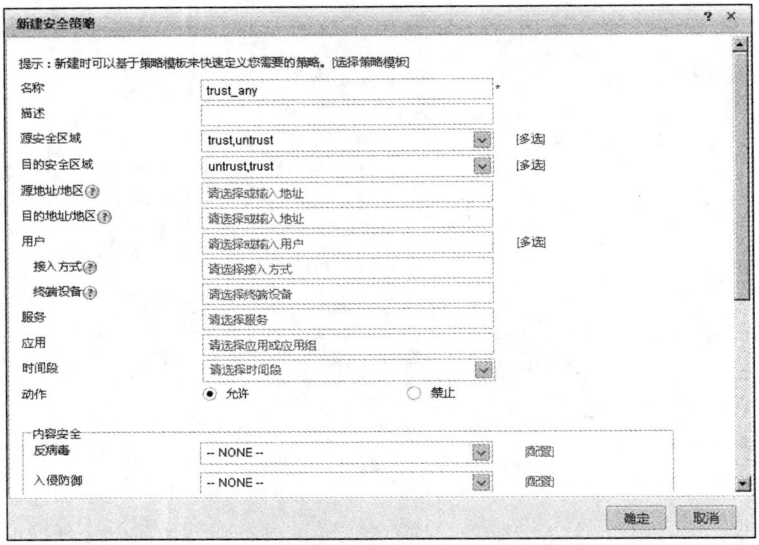

图 6-2-18

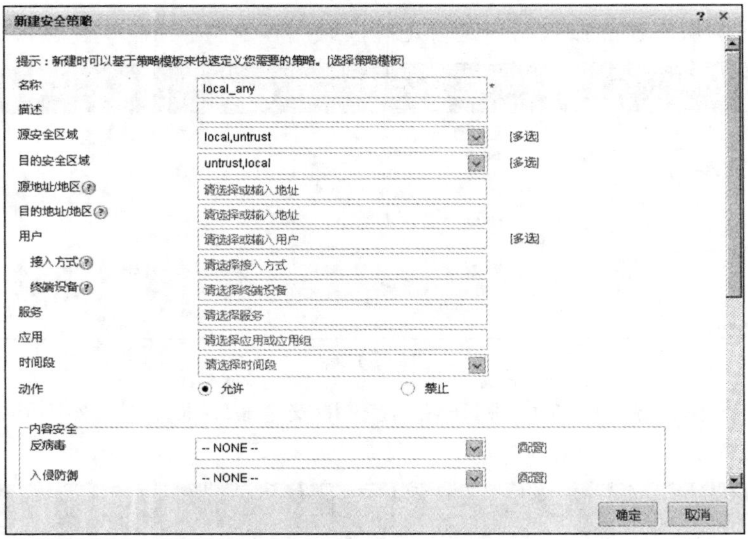

图 6-2-19

第 12 步，确认新建的安全策略是否正确，如图 6-2-20 所示。

第 13 步，查看客户端信息，客户端获取服务器分配的 IP 地址，访问公司内部 IIS 服务器正常，如图 6-2-21 所示。

第 14 步，查看 L2TP 通道监控列表，可以看到本端与对端地址信息，如图 6-2-22 所示。

图 6-2-20

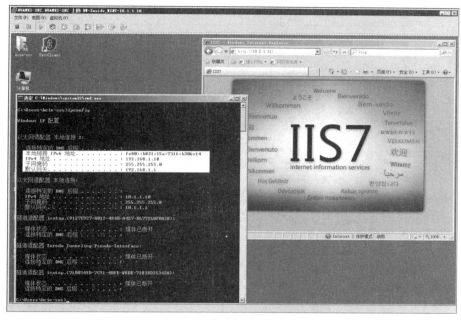

图 6-2-21

图 6-2-22

第 15 步，查看防火墙会话表，可以看到两端的会话情况，如图 6-2-23 所示。

第 16 步，使用其他客户端拨入 L2TP VPN，客户端同样获取服务器分配的 IP 地址，访问公司内部 IIS 服务器正常，如图 6-2-24 所示。

图 6-2-23

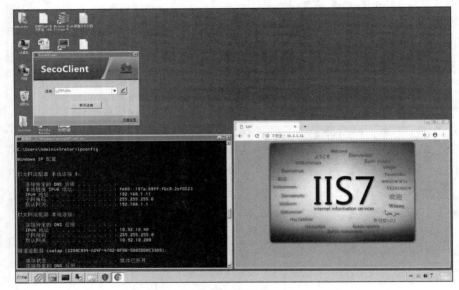

图 6-2-24

第 17 步，查看 L2TP 通道监控列表，可以看到本端与两个客户端地址信息，如图 6-2-25 所示。

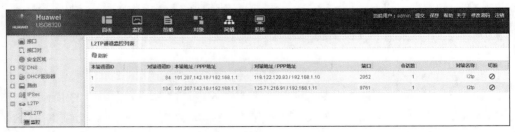

图 6-2-25

第 18 步，查看防火墙会话表，可以看到所有会话情况，如图 6-2-26 所示。

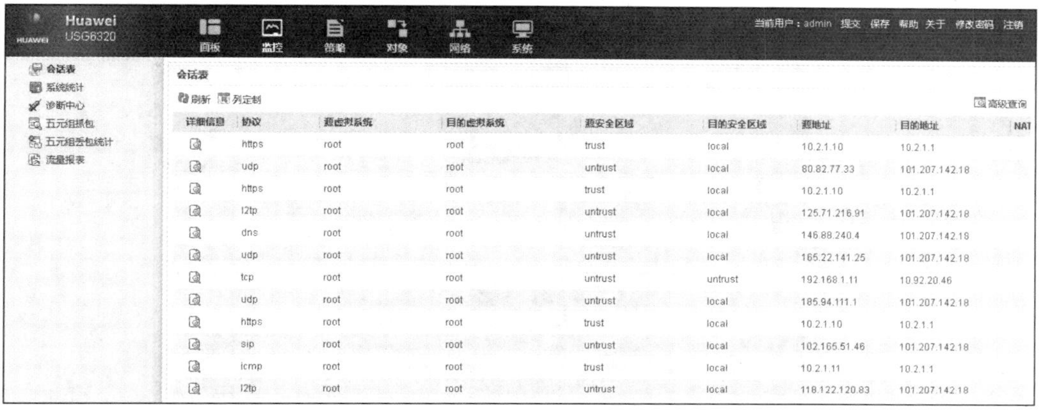

图 6-2-26

至此，使用图形界面配置 L2TP VPN 完成，与命令行一样，其重点在于 L2TP VPN 相关参数配置。从配置直观性来说，使用图形界面模式配置 L2TP VPN 比命令行模式更方便。随着网络技术的不断发展，安全问题越来越受重视，传统的 L2TP VPN 面临数据安全的问题，L2TP over IPSec 技术的诞生，在一定程度上解决了传统 L2TP VPN 数据安全的问题，后续章节会介绍 L2TP over IPSec 配置。

6.3 配置使用 IPSec VPN

GRE VPN 解决了分支机构互联的问题，但是 GRE VPN 采用明文传输，无法对数据进行加密，因此安全性无法得到保障。IPSec VPN 通过在对等体间建立双向安全联盟，形成一个安全互通的 IPSec 隧道，实现互联网上数据的安全传输。

6.3.1 实验目的

配置 HFW1 防火墙为 site1 并使用电信线路，配置 HFW2 防火墙为 site2 并使用联通线路，两台防火墙配置 IPSec VPN，实现两个 site 站点之间的访问。

6.3.2 实验设备

华为 USG6320 防火墙 2 台（简称 HFW1、HFW2），虚拟机 HW-Inside_WIN7，虚拟机 HW-Untrust_WIN08 提供 IIS 服务。

6.3.3　实验拓扑

实验拓扑如图 6-3-1 所示。

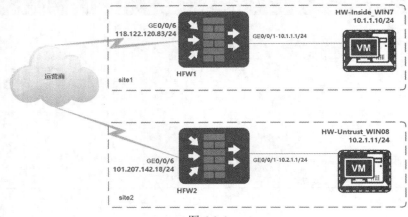

图 6-3-1

6.3.4　实验步骤

为保证实验效果，本节实验清空设备原配置后再进行配置操作。

1．命令行配置模式

第 1 步，配置 HFW1 防火墙 GigabitEthernet 0/0/1 接口，该接口用于连接内部网络，允许 ping 以及 https 访问。

```
[BDNETLAB-HFW1]interface GigabitEthernet 0/0/1
[BDNETLAB-HFW1-GigabitEthernet0/0/1]ip address 10.1.1.1 24
[BDNETLAB-HFW1-GigabitEthernet0/0/1]service-manage ping permit
[BDNETLAB-HFW1-GigabitEthernet0/0/1]service-manage https permit
```

第 2 步，配置 HFW1 防火墙 GigabitEthernet 0/0/6 接口，该接口用于连接互联网。

```
[BDNETLAB-HFW1]interface GigabitEthernet 0/0/6
[BDNETLAB-HFW1-GigabitEthernet0/0/6]ip address 118.122.120.83 24
[BDNETLAB-HFW1-GigabitEthernet0/0/6]gateway 118.122.120.1
[BDNETLAB-HFW1-GigabitEthernet0/0/6]service-manage ping permit
```

第 3 步，将配置好的接口添加到相应的区域。

```
[BDNETLAB-HFW1]firewall zone trust
[BDNETLAB-HFW1-zone-trust]add interface GigabitEthernet 0/0/1
[BDNETLAB-HFW1-zone-trust]display this
```

```
#
firewall zone trust
 set priority 85
 add interface GigabitEthernet0/0/0
 add interface GigabitEthernet0/0/1
#
return
[BDNETLAB-HFW1]firewall zone untrust
[BDNETLAB-HFW1-zone-untrust]add interface GigabitEthernet 0/0/6
[BDNETLAB-HFW1-zone-untrust]display this
#
firewall zone untrust
 set priority 5
 add interface GigabitEthernet0/0/6
#
return
```

第 4 步，配置 HFW1 防火墙安全策略，需要放通 trust、untrust 区域相互访问，同时还需要放通 local、untrust 区域相互访问。

```
[BDNETLAB-HFW1]security-policy
[BDNETLAB-HFW1-policy-security]rule name site1_site2_network
[BDNETLAB-HFW1-policy-security-rule-site1_site2_network]source-zone
trust untrust
[BDNETLAB-HFW1-policy-security-rule-site1_site2_network]destination-zone
trust untrust
[BDNETLAB-HFW1-policy-security-rule-site1_site2_network]action permit

[BDNETLAB-HFW1-policy-security]rule name local_site2
[BDNETLAB-HFW1-policy-security-rule-local_site2]source-zone local untrust
[BDNETLAB-HFW1-policy-security-rule-local_site2]destination-zone local
untrust
[BDNETLAB-HFW1-policy-security-rule-local_site2]action permit

[BDNETLAB-HFW1-policy-security]display this
#
security-policy
 rule name site1_site2_network
  source-zone trust
  source-zone untrust
  destination-zone trust
  destination-zone untrust
  action permit
 rule name local_site2
```

```
    source-zone local
    source-zone untrust
    destination-zone local
    destination-zone untrust
    action permit
  #
  return
```

第 5 步，配置 HFW1 防火墙 acl 列表，定义源网络以及目标网络。

```
[BDNETLAB-HFW1]acl 3000  #定义 acl
[BDNETLAB-HFW1-acl-adv-3000]rule 5 permit ip source 10.1.1.0 0.0.0.255
destination 10.2.1.0 0.0.0.255  #定义源网络以及目标网络
[BDNETLAB-HFW1-acl-adv-3000]display this
acl number 3000
 rule 5 permit ip source 10.1.1.0 0.0.0.255 destination 10.2.1.0 0.0.0.255
 #
 return
```

第 6 步，配置 HFW1 防火墙 ike 安全提议。

```
[BDNETLAB-HFW1]ike proposal 1
[BDNETLAB-HFW1-ike-proposal-1]integrity-algorithm aes-xcbc-96  #ike 安全
提议类型
[BDNETLAB-HFW1-ike-proposal-1]display this
ike proposal 1
 authentication-algorithm sha2-256
 integrity-algorithm aes-xcbc-96
```

第 7 步，配置 HFW1 防火墙 ike 对等体。

```
[BDNETLAB-HFW1]ike peer site2
[BDNETLAB-HFW1-ike-peer-site2]exchange-mode auto  #ike 对等体信息交换模式
[BDNETLAB-HFW1-ike-peer-site2]pre-shared-key Huawei@123  #ike 对等体共享 key
[BDNETLAB-HFW1-ike-peer-site2]ike-proposal 1
[BDNETLAB-HFW1-ike-peer-site2]remote-address 101.207.142.18  #ike 对端 IP 地址
[BDNETLAB-HFW1-ike-peer-site2]remote-id-type ip 101.207.142.18
[BDNETLAB-HFW1-ike-peer-site2]display this
ike peer site2
 exchange-mode auto
 pre-shared-key %$%$Yil{WYeBRXzImE'PO\*%,`WN%$%$
 ike-proposal 1
 remote-id-type ip 101.207.142.18
 remote-address 101.207.142.18
```

第 8 步，配置 HFW1 防火墙 ipsec 安全提议。

```
[BDNETLAB-HFW1]ipsec proposal 1
[BDNETLAB-HFW1-ipsec-proposal-1]encapsulation-mode auto   #使用 auto 模式
[BDNETLAB-HFW1-ipsec-proposal-1]display this
ipsec proposal 1
 encapsulation-mode auto
 esp authentication-algorithm sha2-256
```

第 9 步，配置 HFW1 防火墙 ipsec 安全策略。

```
[BDNETLAB-HFW1]ipsec policy site1 1 isakmp
[BDNETLAB-HFW1-ipsec-policy-isakmp-site1-1]security acl 3000
[BDNETLAB-HFW1-ipsec-policy-isakmp-site1-1]ike-peer site2
[BDNETLAB-HFW1-ipsec-policy-isakmp-site1-1]proposal 1
[BDNETLAB-HFW1-ipsec-policy-isakmp-site1-1]local-address 118.122.120.83
[BDNETLAB-HFW1-ipsec-policy-isakmp-site1-1]display this
ipsec policy site1 1 isakmp
 security acl 3000
 ike-peer site2
 alias site1_1
 proposal 1
 local-address 118.122.120.83
```

第 10 步，将安全策略应用到出接口。

```
[BDNETLAB-HFW1]interface GigabitEthernet 0/0/6
[BDNETLAB-HFW1-GigabitEthernet0/0/6]ipsec policy site1 auto-neg   #应用配
置好的策略
[BDNETLAB-HFW1-GigabitEthernet0/0/6]display this
interface GigabitEthernet0/0/6
 ip address 118.122.120.83 255.255.255.0
 ipsec policy site1 auto-neg
 service-manage ping permit
 gateway 118.122.120.1
```

第 11 步，配置 HFW2 防火墙 GigabitEthernet 0/0/1 接口，该接口用于连接内部网络，允许 ping 以及 https 访问。

```
[BDNETLAB-HFW2]interface GigabitEthernet 0/0/1
[BDNETLAB-HFW2-GigabitEthernet0/0/1]ip address 10.2.1.1 24
[BDNETLAB-HFW2-GigabitEthernet0/0/1]service-manage ping permit
[BDNETLAB-HFW2-GigabitEthernet0/0/1]service-manage https permit
```

第 12 步，配置 HFW2 防火墙 GigabitEthernet 0/0/6 接口，该接口用于连接互联网。

```
[BDNETLAB-HFW2]interface GigabitEthernet 0/0/6
[BDNETLAB-HFW2-GigabitEthernet0/0/6]ip address 101.207.142.18 24
[BDNETLAB-HFW2-GigabitEthernet0/0/6]gateway 101.207.142.1
[BDNETLAB-HFW2]dns server bind interface GigabitEthernet 0/0/6 preferred
119.6.6.6   #配置联通 DNS 服务器地址
```

第 13 步，将配置好的接口添加到相应的区域。

```
[BDNETLAB-HFW2]firewall zone trust
[BDNETLAB-HFW2-zone-trust]add interface GE0/0/1
[BDNETLAB-HFW2-zone-trust]display this
#
firewall zone trust
 set priority 85
 add interface GigabitEthernet0/0/0
 add interface GigabitEthernet0/0/1

[BDNETLAB-HFW2]firewall zone untrust
[BDNETLAB-HFW2-zone-untrust]add interface GigabitEthernet 0/0/6
[BDNETLAB-HFW2-zone-untrust]display this
#
firewall zone untrust
 set priority 5
 add interface GigabitEthernet0/0/6
#
return
```

第 14 步，配置 HFW2 防火墙安全策略，需要放通 trust、untrust 区域相互访问，同时还需要放通 local、untrust 区域相互访问。

```
[BDNETLAB-HFW2]security-policy
[BDNETLAB-HFW2-policy-security]rule name site2_site1_network
[BDNETLAB-HFW2-policy-security-rule-site2_site1_network]source-zone trust
untrust
[BDNETLAB-HFW2-policy-security-rule-site2_site1_network]destination-zone
trust untrust
[BDNETLAB-HFW2-policy-security-rule-site2_site1_network]action permit
[BDNETLAB-HFW2-policy-security]rule name local_site1
[BDNETLAB-HFW2-policy-security-rule-local_site1]source-zone local untrust
[BDNETLAB-HFW2-policy-security-rule-local_site1]destination-zone local
untrust
[BDNETLAB-HFW2-policy-security-rule-local_site1]action permit
```

```
[BDNETLAB-HFW2-policy-security]display this
security-policy
 rule name site2_site1_network
  source-zone trust
  source-zone untrust
  destination-zone trust
  destination-zone untrust
  action permit
 rule name local_site1
  source-zone local
  source-zone untrust
  destination-zone local
  destination-zone untrust
  action permit
```

第 15 步，配置 HFW2 防火墙 acl 列表，定义源网络以及目标网络。

```
[BDNETLAB-HFW2]acl 3000
[BDNETLAB-HFW2-acl-adv-3000]rule permit ip source 10.2.1.0 0.0.0.255
destination 10.1.1.0
[BDNETLAB-HFW2-acl-adv-3000]display this
acl number 3000
 rule 5 permit ip source 10.2.1.0 0.0.0.255 destination 10.1.1.0 0.0.0.255
```

第 16 步，配置 HFW2 防火墙 ike 安全提议。

```
[BDNETLAB-HFW2]ike proposal 1
[BDNETLAB-HFW2-ike-proposal-1]integrity-algorithm aes-xcbc-96
[BDNETLAB-HFW2-ike-proposal-1]display this
ike proposal 1
 authentication-algorithm sha2-256
 integrity-algorithm aes-xcbc-96
```

第 17 步，配置 HFW2 防火墙 ike 对等体。

```
[BDNETLAB-HFW2]ike peer site1
[BDNETLAB-HFW2-ike-peer-site1]exchange-mode auto
[BDNETLAB-HFW2-ike-peer-site1]pre-shared-key Huawei@123
[BDNETLAB-HFW2-ike-peer-site1]ike-proposal 1
[BDNETLAB-HFW2-ike-peer-site1]remote-address 118.122.120.83
[BDNETLAB-HFW2-ike-peer-site1]remote-id-type ip 118.122.120.83
[BDNETLAB-HFW2-ike-peer-site1]display this
ike peer site1
 exchange-mode auto
 pre-shared-key %$%$*v}sCdF<VWNxYH@/ofy3f:1(%$%$
```

```
ike-proposal 1
remote-id-type ip 118.122.120.83
remote-address 118.122.120.83
```

第 18 步，配置 HFW2 防火墙 ipsec 安全提议。

```
[BDNETLAB-HFW2]ipsec proposal 1
[BDNETLAB-HFW2-ipsec-proposal-1]encapsulation-mode auto
[BDNETLAB-HFW2-ipsec-proposal-1]display this
ipsec proposal 1
 encapsulation-mode auto
 esp authentication-algorithm sha2-256
```

第 19 步，配置 HFW2 防火墙 ipsec 安全策略。

```
[BDNETLAB-HFW2]ipsec policy site2 1 isakmp
[BDNETLAB-HFW2-ipsec-policy-isakmp-site2-1]security acl 3000
[BDNETLAB-HFW2-ipsec-policy-isakmp-site2-1]ike-peer site1
[BDNETLAB-HFW2-ipsec-policy-isakmp-site2-1]proposal 1
[BDNETLAB-HFW2-ipsec-policy-isakmp-site2-1]local-address 101.207.142.18
[BDNETLAB-HFW2-ipsec-policy-isakmp-site2-1]display this
ipsec policy site2 1 isakmp
 security acl 3000
 ike-peer site1
 alias site2_1
 proposal 1
 local-address 101.207.142.18
```

第 20 步，将安全策略应用到出接口。

```
[BDNETLAB-HFW2]interface GigabitEthernet 0/0/6
[BDNETLAB-HFW2-GigabitEthernet0/0/6]ipsec policy site2 auto-neg
[BDNETLAB-HFW2-GigabitEthernet0/0/6]display this
interface GigabitEthernet0/0/6
 ip address 101.207.142.18 255.255.255.0
 ipsec policy site2 auto-neg
 service-manage ping permit
 gateway 101.207.142.1
```

第 21 步，查看 HFW1 防火墙会话列表，可以看到 HFW1 防火墙已经有 VPN 会话信息。

```
[BDNETLAB-HFW1]display firewall session table
Current Total Sessions: 9
  netbios-name VPN:public --> public 10.1.1.11:137-->10.1.1.255:137
  icmp VPN:public --> public 10.1.1.10:14-->10.1.1.1:2048
```

```
   icmp VPN:public --> public 10.2.1.10:9-->10.1.1.10:2048
   dns VPN:public --> public 10.1.1.10:65413-->61.139.2.69:53
   sip VPN:public --> public 77.247.109.206:5078-->118.122.120.83:5060
   dns VPN:public --> public 10.1.1.10:59868-->61.139.2.69:53
   esp VPN:public --> public 101.207.142.18:0-->118.122.120.83:0
   dns VPN:public --> public 10.1.1.10:56579-->61.139.2.69:53
   udp VPN:public --> public 118.122.120.83:500-->101.207.142.18:500

[BDNETLAB-HFW1]display ipsec statistics
  the security packet statistics:
   input/output security packets: 95/95
   input/output security bytes: 5700/5700
   input/output dropped security packets: 0/0
   the encrypt packet statistics
     send sae:95, recv sae:95, send err:0
     local cpu:95, other cpu:0, recv other cpu:0
     intact packet:1, first slice:0, after slice:0
   the decrypt packet statistics
     send sae:95, recv sae:95, send err:0
     local cpu:0, other cpu:0, recv other cpu:0
     reass first slice:0, after slice:0, len err:0
   dropped security packet detail:
     no enough memory: 0, too long: 0
     can't find SA: 0, wrong SA: 0
     authentication: 0, replay: 0
     front recheck: 0, after recheck: 0
     exceed byte limit: 0, exceed packet limit: 0
     change cpu enc: 0, dec change cpu: 0
     change datachan: 0, fib search: 0
     rcv enc(dec) form sae said err: 0, 0
     port number error: 0
     send port: 0, output l3: 0, l2tp input: 0
  negotiate about packet statistics:
   IP packet ok:0, err:0, drop:0
   IP rcv other cpu to ike:0, drop:0
   IKE packet inbound ok:2, err:0
   IKE packet outbound ok:37, err:0
   SoftExpr:0, HardExpr:0, DPDOper:0, SwapSa:0
   ModpCnt: 7, SaeSucc: 7, SoftwareSucc: 0
```

第 22 步，查看 HFW2 防火墙会话列表，可以看到 HFW2 防火墙已经有 VPN 会话信息。

```
[BDNETLAB-HFW2]display firewall session table
Current Total Sessions: 3
```

```
    icmp VPN:public --> public 10.2.1.10:9-->10.1.1.10:2048
    icmp VPN:public --> public 10.2.1.11:3-->10.2.1.1:2048
    esp VPN:public --> public 118.122.120.83:0-->101.207.142.18:0

[BDNETLAB-HFW2]display ipsec statistics
  the security packet statistics:
    input/output security packets: 127/128
    input/output security bytes: 7620/7680
    input/output dropped security packets: 0/0
    the encrypt packet statistics
      send sae:128, recv sae:128, send err:0
      local cpu:128, other cpu:0, recv other cpu:0
      intact packet:2, first slice:0, after slice:0
    the decrypt packet statistics
      send sae:127, recv sae:127, send err:0
      local cpu:0, other cpu:0, recv other cpu:0
      reass first slice:0, after slice:0, len err:0
    dropped security packet detail:
      no enough memory: 0, too long: 0
      can't find SA: 0, wrong SA: 0
      authentication: 0, replay: 0
      front recheck: 0, after recheck: 0
      exceed byte limit: 0, exceed packet limit: 0
      change cpu enc: 0, dec change cpu: 0
      change datachan: 0, fib search: 0
      rcv enc(dec) form sae said err: 0, 0
      port number error: 0
      send port: 0, output l3: 0, l2tp input: 0
  negotiate about packet statistics:
    IP packet ok:0, err:0, drop:0
    IP rcv other cpu   to ike:0, drop:0
    IKE packet inbound   ok:2, err:0
    IKE packet outbound ok:2, err:0
    SoftExpr:0, HardExpr:0, DPDOper:0, SwapSa:0
    ModpCnt: 2, SaeSucc: 2, SoftwareSucc: 0
```

第 23 步，在虚拟机 HW-Inside_WIN7 上访问 site2 内部 IIS 服务器，访问正常，说明 IPSec VPN 隧道建立成功，如图 6-3-2 所示。

第 24 步，在虚拟机 HW-Untrust_WIN7 上访问对端网络，如图 6-3-3 所示，访问正常，说明 IPSec VPN 隧道建立成功。

至此，使用命令行配置 IPSec VPN 完成，其重点在于 IKE 以及 IPSec VPN 相关参数配置。需要注意的是，为保证隧道协商成功，一定要确保两端防火墙参数相同。

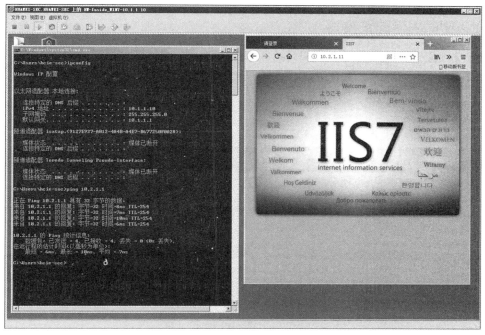

图 6-3-2

图 6-3-3

2. 图形界面配置模式

清空原配置，使用图形界面配置前需要使用命令行配置 GE0/0/1 接口 IP 地址，并将其添加到安全区域。

第 1 步，登录 HFW1 防火墙图形界面，选择网络，可以看到 GE0/0/6 接口未进行配置，如图 6-3-4 所示。

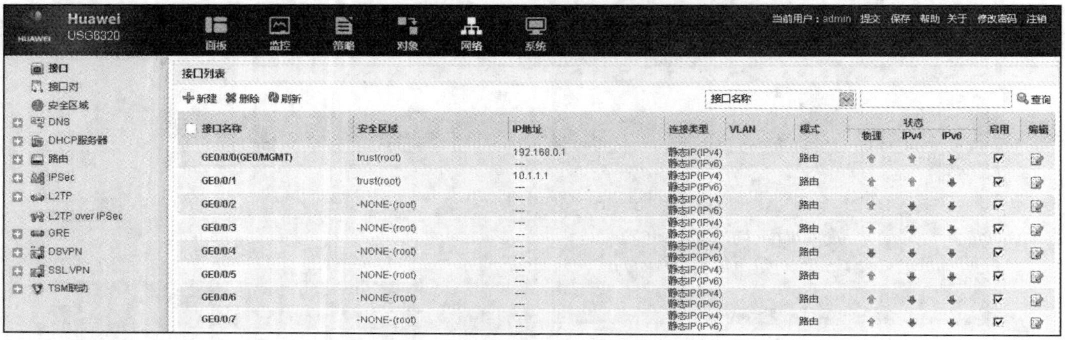

图 6-3-4

第 2 步，配置 HFW1 防火墙 GigabitEthernet0/0/6 接口 IP 地址并将其添加到相应区域，如图 6-3-5 所示，单击"确定"按钮。

图 6-3-5

第 3 步，确认 HFW1 防火墙接口 IP 地址以及区域配置是否正确，如图 6-3-6 所示。

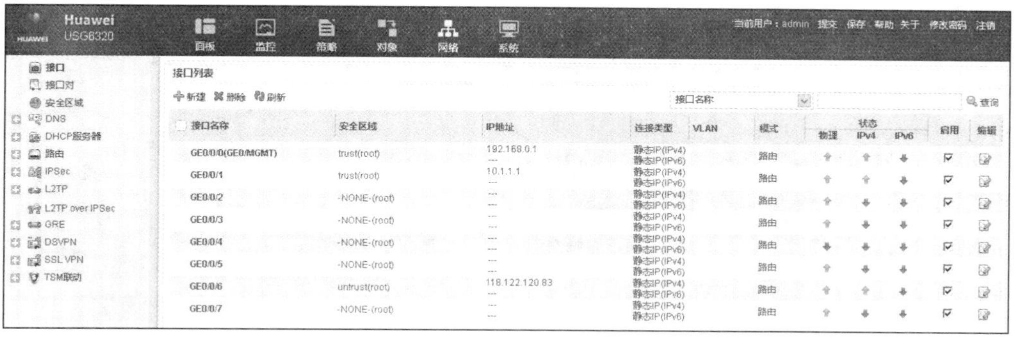

图 6-3-6

第 4 步，配置 HFW1 防火墙安全策略，需要放通 trust、untrust 区域相互访问，同时还需要放通 local、untrust 区域相互访问，如图 6-3-7 所示。

图 6-3-7

第 5 步，默认情况下 IPSec 安全策略处于未配置状态，如图 6-3-8 所示，单击"新建"按钮。

图 6-3-8

第 6 步，配置 HFW1 防火墙点到点 IPSec 基本策略，如图 6-3-9 所示。

第 7 步，配置 HFW1 防火墙加密的数据流，如图 6-3-10 所示。

第 8 步，配置 HFW1 防火墙 IKE 以及 IPSec 安全提议，如图 6-3-11 所示。

图 6-3-9

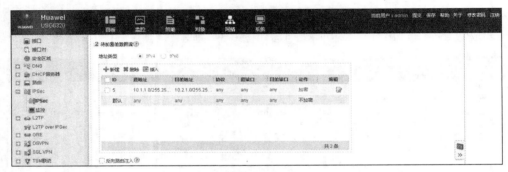

图 6-3-10

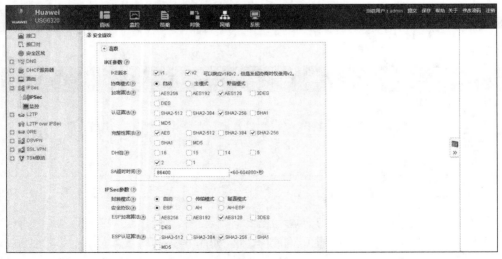

图 6-3-11

第 9 步，完成 HFW1 防火墙 IPSec 安全策略的配置，如图 6-3-12 所示。因为 HFW2 防火墙未配置，所以协商状态成功为 0，正在协商为 1。

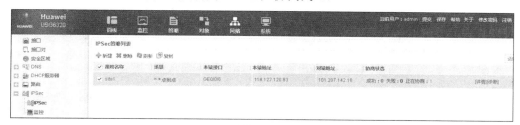

图 6-3-12

第 10 步，配置 HFW2 防火墙点到点 IPSec 基本策略，如图 6-3-13 所示。特别注意对端地址参数以及预共享密钥信息。

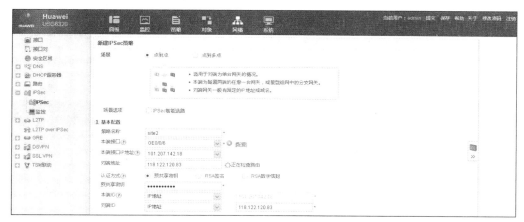

图 6-3-13

第 11 步，配置 HFW2 防火墙加密的数据流，如图 6-3-14 所示。

图 6-3-14

第 12 步，配置 HFW2 防火墙 IKE 以及 IPSec 安全提议，如图 6-3-15 所示。特别注意 IKE 版本以及 IPSec 封装模式要与 HFW1 匹配。

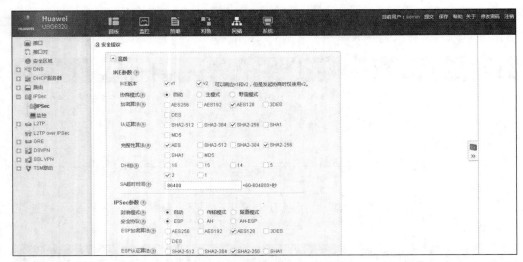

图 6-3-15

第 13 步，完成 HFW2 防火墙 IPSec 安全策略的配置，如图 6-3-16 所示。两台防火墙开始协商建立 IPSec VPN 隧道。

图 6-3-16

第 14 步，当协商完成后，查看 HFW2 防火墙 IPSec 策略列表，协商状态成功为 1，说明 IPSec VPN 隧道建立成功，如图 6-3-17 所示。

图 6-3-17

第 15 步，查看 HFW1 防火墙 IPSec 监控列表，与 HFW2 防火墙 IPSec 协商成功，说明 IPSec VPN 隧道建立成功，如图 6-3-18 所示。

图 6-3-18

第 16 步，查看 HFW2 防火墙 IPSec 监控列表，与 HFW1 防火墙 IPSec 协商成功，说明 IPSec VPN 隧道建立成功，如图 6-3-19 所示。

图 6-3-19

第 17 步，在虚拟机 HW-Inside_WIN7 上访问 site2 内部 IIS 服务器，访问正常，说明 IPSec VPN 隧道建立成功，如图 6-3-20 所示。

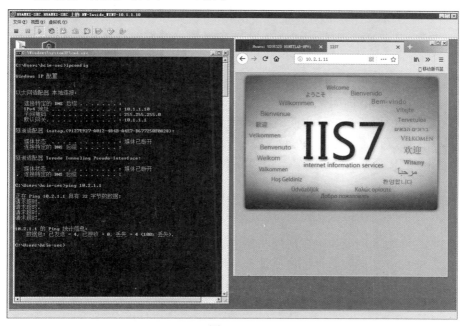

图 6-3-20

第 18 步，在虚拟机 HW-Untrust_WIN7 上访问对端网络，如图 6-3-21 所示，访问正常，说明 IPSec VPN 隧道建立成功。

图 6-3-21

至此，使用图形界面配置 IPSec VPN 完成，与命令行一样，其重点在于 IPSec VPN 相关参数配置，如果两端参数相同则能够保证 IPSec VPN 隧道协商成功，如果两端参数出现不匹配的情况，可能导致 IPSec VPN 隧道无法协商成功。另外，IPSec VPN 除了支持点到点模式外，还支持点到多点模式，其参数配置与点到点模式基本相同。

6.4 配置使用 SSL VPN

L2TP VPN 技术可以让出差用户和其他移动用户访问内部服务器，但其安全性无法得到保障。SSL VPN 的安全性、便捷性和易用性为企业的移动办公带来了便利，使出差用户的工作效率最大化。重要的是 SSL VPN 使用 SSL 协议进行了数据加密，能够很好地保证数据安全。目前常见的应用一般都支持 SSL，如 IE、Netscape 浏览器、Outlook 邮件应用等。

6.4.1　实验目的

配置 HFW2 防火墙 SSL VPN，移动客户端用户可以通过互联网拨入内部网络，访问 IIS 服务器。

6.4.2　实验设备

华为 USG6320 防火墙 1 台（简称 HFW2），虚拟机 HW-Untrust_WIN08 提供 IIS 服务，虚拟机 HW-Inside_WIN7 为 SSL VPN 客户端。

6.4.3　实验拓扑

实验拓扑如图 6-4-1 所示。

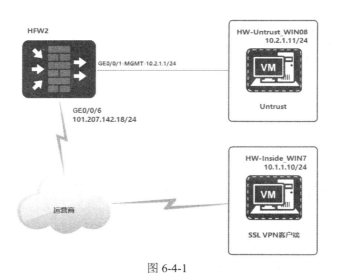

图 6-4-1

6.4.4　实验步骤

为保证实验效果，本节实验清空设备原配置后再进行配置操作，并且采用图形界面进行配置。

第 1 步，公司内部虚拟机 HW-Untrust_WIN08 提供 IIS 服务，如图 6-4-2 所示。

第 2 步，虚拟机 HW-Inside_WIN7 为 SSL VPN 客户端，虚拟机可以访问互联网，但无法访问公司内部网络，如图 6-4-3 所示。

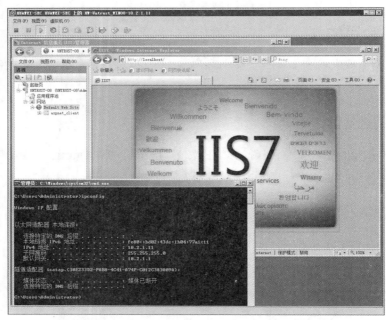

图 6-4-2

图 6-4-3

第 3 步，登录 HFW2 防火墙图形界面，选择网络，可以看到 GE0/0/6 接口未进行配置，如图 6-4-4 所示。

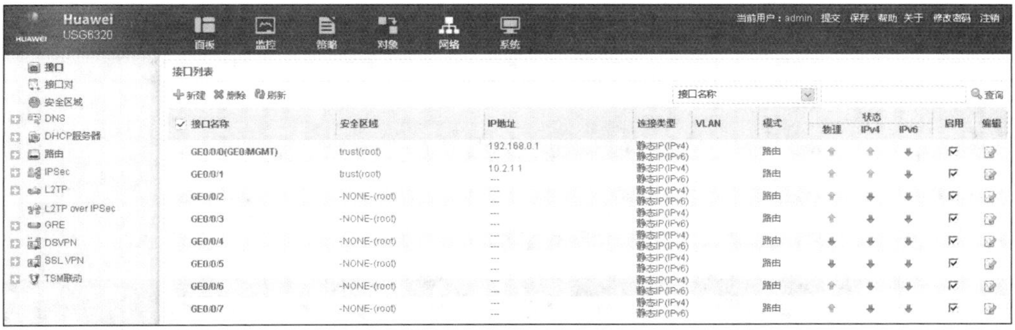

图 6-4-4

第 4 步，配置 HFW2 防火墙 GigabitEthernet0/0/6 接口 IP 地址并将其添加到相应区域，如图 6-4-5 所示，单击"确定"按钮。

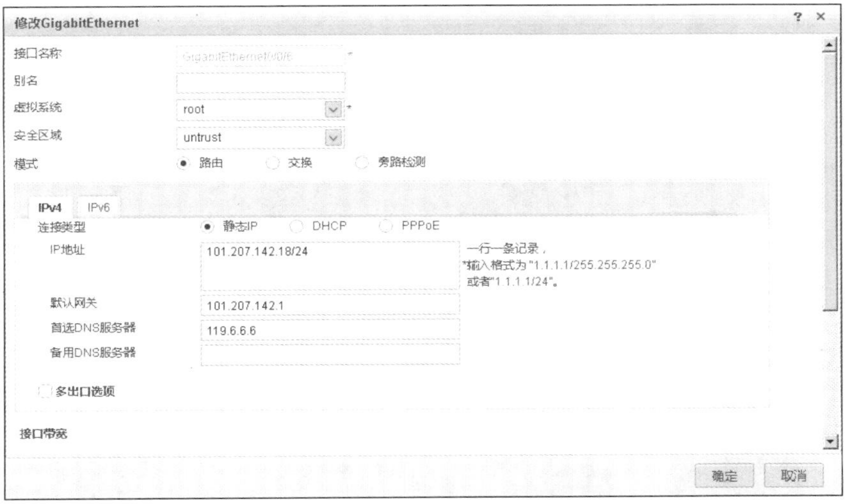

图 6-4-5

第 5 步，确认 HFW2 防火墙接口 IP 地址以及区域配置是否正确，如图 6-4-6 所示。

第 6 步，配置 SSL VPN 网关，如图 6-4-7 所示，单击"新建"按钮。

第 7 步，配置 SSL VPN 网关信息，特别注意默认端口为 443，如果互联网 IP 地址未备案，运营商会屏蔽该端口，这里修改端口为 4430，如图 6-4-8 所示，单击"下一步"按钮。

图 6-4-6

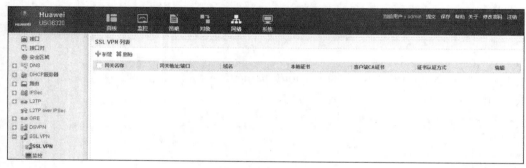

图 6-4-7

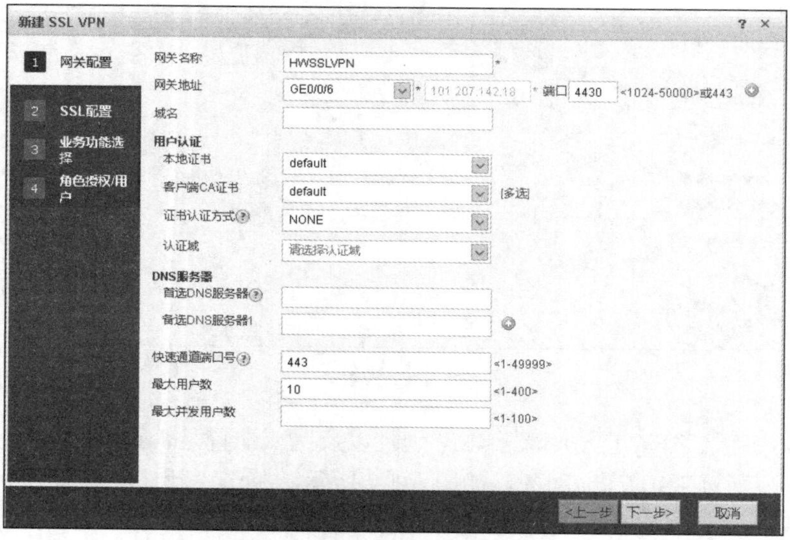

新建 SSL VPN

1	网关配置	网关名称	HWSSLVPN

SSL 配置 | 网关地址 | GE0/0/6 | * | 101.207.142.18 | 端口 | 4430 | <1024-50000>或443

业务功能选择 | 域名

角色授权/用户 | 用户认证
本地证书 | default
客户端CA证书 | default | [多选]
证书认证方式 | NONE
认证域 | 请选择认证域

DNS服务器
首选DNS服务器
备选DNS服务器1

快速通道端口号 | 443 | <1-49999>
最大用户数 | 10 | <1-400>
最大并发用户数 | | <1-100>

<上一步 下一步> 取消

图 6-4-8

第 8 步，配置 SSL VPN 加密相关信息，如图 6-4-9 所示，单击 "下一步" 按钮。

图 6-4-9

第 9 步，配置 SSL VPN 需要开启的业务，在生产环境中根据实际需求进行勾选，如图 6-4-10 所示，单击"下一步"按钮。

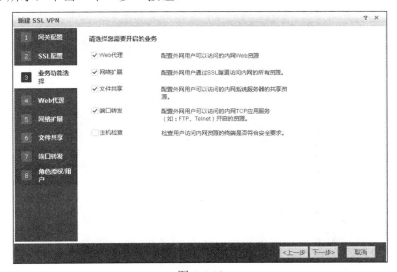

图 6-4-10

第 10 步，对 Web 代理资源进行配置，如图 6-4-11 所示，单击"新建"按钮。

第 11 步，新建 Web 资源，提供内部 IIS 服务器相关信息，如图 6-4-12 所示，单击"确定"按钮。

第 12 步，完成 Web 代理资源的配置，如图 6-4-13 所示，单击"下一步"按钮。

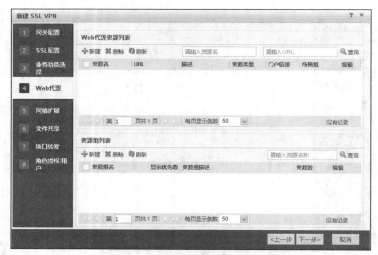

图 6-4-11

图 6-4-12

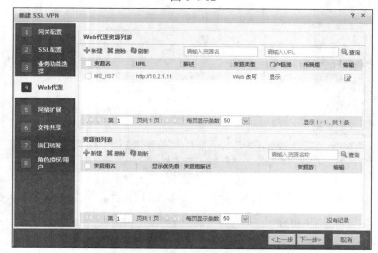

图 6-4-13

第13步，配置网络扩展资源，网络扩展资源用于客户端对内部网络的访问，如图6-4-14所示，单击"下一步"按钮。

图 6-4-14

第14步，配置文件共享资源，如图6-4-15所示，单击"下一步"按钮。

图 6-4-15

第15步，可根据需要配置端口转发资源，这里未配置，如图6-4-16所示，单击"下一步"按钮。

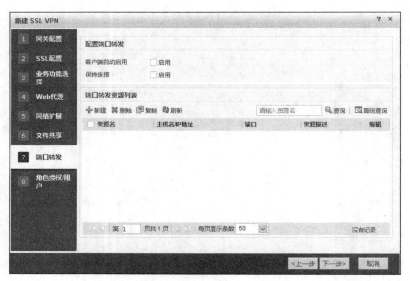

图 6-4-16

第 16 步，创建 SSL VPN 用户，同时对 SSL VPN 的用户进行授权，如图 6-4-17 所示，单击"新建"按钮。

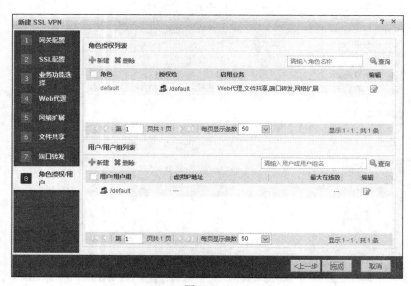

图 6-4-17

第 17 步，对创建好的用户 sslvpn-user01 进行授权，如图 6-4-18 所示，单击"完成"按钮。
第 18 步，完成 SSL VPN 网关的配置，如图 6-4-19 所示。

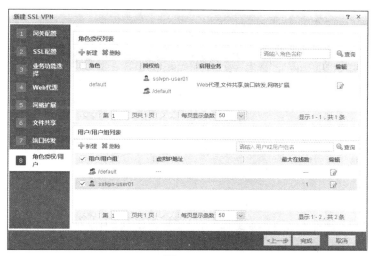

图 6-4-18

图 6-4-19

第 19 步，查看 SSL VPN 监控，因为客户端未拨入，所以 SSL 连接数为 0，如图 6-4-20 所示。

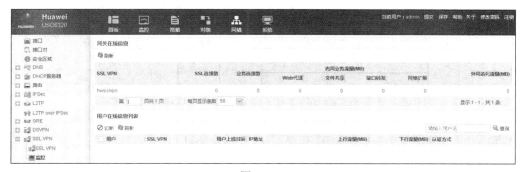

图 6-4-20

第 20 步，配置安全策略允许访问 SSL VPN 网关，如图 6-4-21 所示。

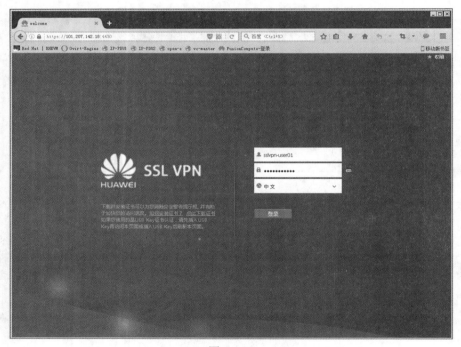

图 6-4-21

第 21 步，使用浏览器访问 SSL VPN 网关地址，出现华为 SSL VPN 相关信息，说明 SSL VPN 网关配置正确，如图 6-4-22 所示。如果不能访问网关地址请检查配置，然后再输入创建的 SSL VPN 用户以及密码，单击"登录"按钮。

图 6-4-22

第 22 步，登录 SSL VPN 成功，在主页中可以看到客户端能够访问内部网络的 Web 代理资源以及文件共享资源，如图 6-4-23 所示。

第 23 步，通过浏览器访问内部网络的 Web 代理资源正常，如图 6-4-24 所示。

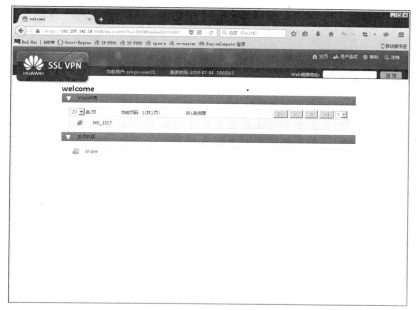

图 6-4-23

图 6-4-24

第 24 步，通过浏览器访问内部网络的文件共享资源正常，如图 6-4-25 所示。

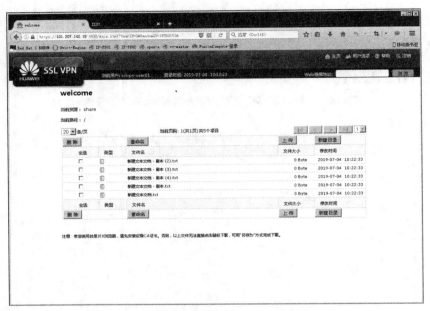

图 6-4-25

第 25 步，查看 SSL VPN 监控，SSL VPN 客户端成功拨入，SSL 连接数为 4，如图 6-4-26 所示。

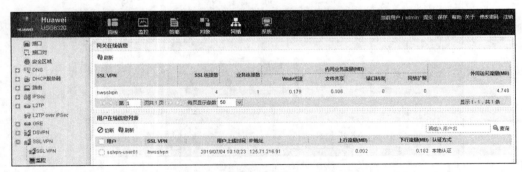

图 6-4-26

第 26 步，通过浏览器可以拨入 SSL VPN，也可以通过客户端进行拨入，如图 6-4-27 所示，下载网络扩展客户端软件即可。

第 27 步，安装运行 HUAWEI SSL VPN 客户端软件，配置 SSL VPN 相关参数，如图 6-4-28 所示，单击"登录"按钮。

第 28 步，在客户端中使用 ping 命令测试访问内部网络 IIS 服务器是否正常，如图 6-4-29 所示。

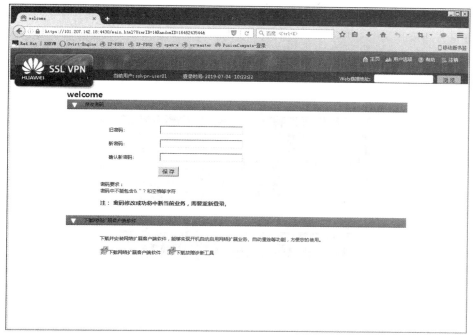

图 6-4-27

图 6-4-28

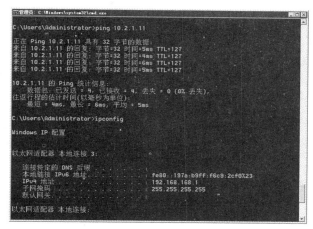

图 6-4-29

第 29 步，使用浏览器访问内部网络 Web 代理资源正常，如图 6-4-30 所示。

第 30 步，访问内部网络的文件共享资源正常，如图 6-4-31 所示。

至此，配置 SSL VPN 完成。与 L2TP VPN 对比，SSL VPN 能够保证数据安全，通过浏览器即可实现内部资源的访问。另外，L2TP VPN 对内部资源访问控制较弱，SSL VPN

对可以访问的内部资源能够更好地进行控制，在一定程度上保证内部网络安全。同时，SSL VPN 支持浏览器以及客户端两种访问模式，为用户提供更好的选择。

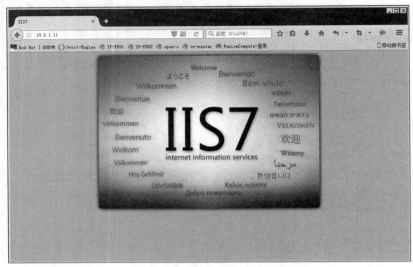

图 6-4-30

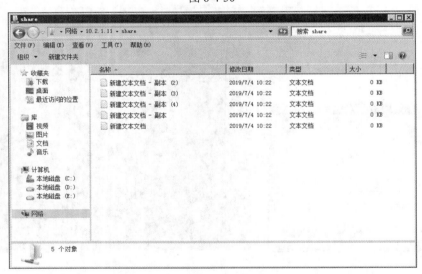

图 6-4-31

6.5　配置使用 GRE over IPSec VPN

GRE VPN 无法直接实现数据的加密，而 IPSec 只能对单播数据进行加密保护。因此，对于路由协议、语音、视频等组播数据需要在 IPSec 隧道中传输的情况，可以通过建立 GRE 隧道，并对组播数据进行 GRE 封装，然后对封装后的数据报文进行 IPSec 的加密处理，就可以实现组播数据在 IPSec 隧道中的加密传输。GRE over IPSec 就是结合 GRE 和 IPSec 两种技术的优点，使网络既可以支持多种上层协议和组播报文，又可以支持数据报文加密、身份认证机制和数据完整性校验。

6.5.1 实验目的

配置 HFW1、HFW2 防火墙 GRE 隧道以及 IPSec VPN 隧道，实现加密数据传输。

6.5.2 实验设备

华为 USG6320 防火墙 2 台（简称 HFW1、HFW2），虚拟机 HW-Inside_WIN7、HW-Untrust_WIN7 为客户端。

6.5.3 实验拓扑

实验拓扑如图 6-5-1 所示。

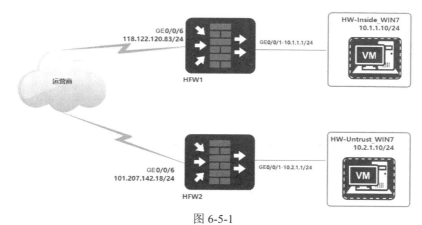

图 6-5-1

6.5.4 实验步骤

为保证实验效果，本节实验清空设备原配置后再进行配置操作，并且采用图形界面进行配置。

第 1 步，对 HFW1 防火墙 GE0/0/1 以及 GE0/0/6 接口进行配置，如图 6-5-2 所示。

第 2 步，配置 HFW1 防火墙 GRE 接口参数，注意 GRE 使用的隧道 IP 地址配置，如图 6-5-3 所示，单击"确定"按钮。

第 3 步，配置 HFW1 防火墙 IPSec 安全策略基本参数，如图 6-5-4 所示。

图 6-5-2

图 6-5-3

图 6-5-4

第 4 步，配置 HFW1 防火墙 IPSec 加密的报文，如图 6-5-5 所示，单击"确定"按钮。

图 6-5-5

第 5 步，配置 HFW1 防火墙 IPSec 安全提议参数，如图 6-5-6 所示。

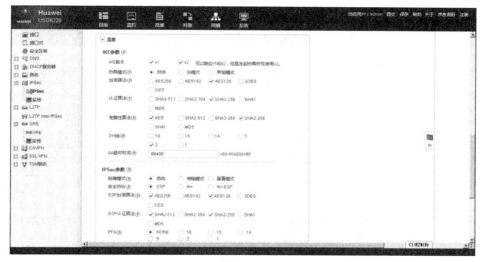

图 6-5-6

第 6 步，配置 HFW1 防火墙到达 HFW2 防火墙的静态路由，如图 6-5-7 所示，单击"确定"按钮。

图 6-5-7

第 7 步，配置 HFW1 安全策略，如图 6-5-8 所示。注意在生产环境中需要对策略进行细化配置。

图 6-5-8

第 8 步，对 HFW2 防火墙 GE0/0/1 以及 GE0/0/6 接口进行配置，如图 6-5-9 所示。

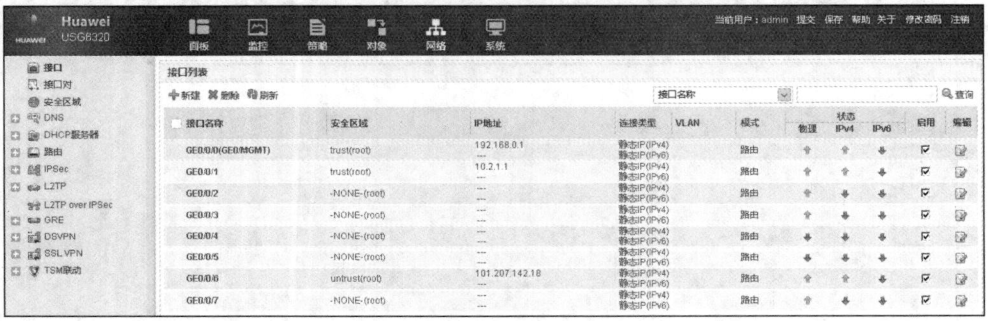

图 6-5-9

第 9 步，配置 HFW2 防火墙 GRE 接口参数，注意 GRE 使用的隧道 IP 地址配置，如图 6-5-10 所示，单击"确定"按钮。

图 6-5-10

第 10 步，配置 HFW2 防火墙 IPSec 安全策略基本参数，如图 6-5-11 所示。

图 6-5-11

第 11 步，配置 HFW1 防火墙 IPSec 加密的报文，如图 6-5-12 所示，单击"确定"按钮。

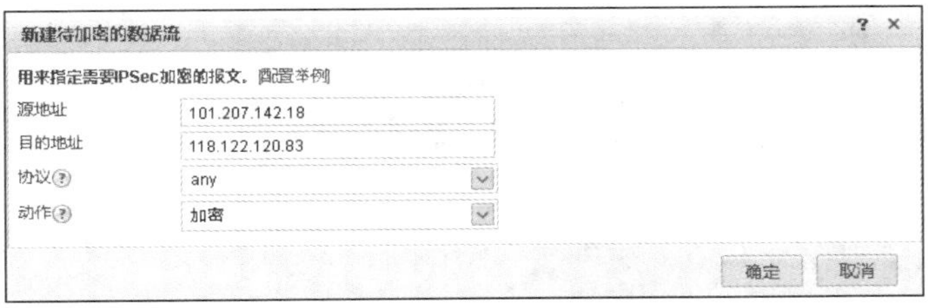

图 6-5-12

第 12 步，配置 HFW2 防火墙 IPSec 安全提议参数，如图 6-5-13 所示。

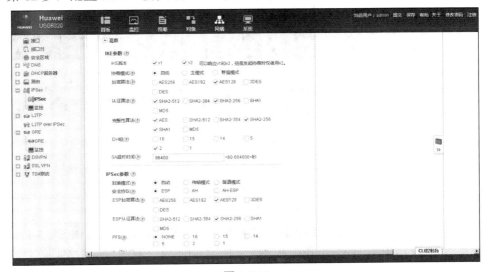

图 6-5-13

第 13 步，配置 HFW2 防火墙到达 HFW1 防火墙的静态路由，如图 6-5-14 所示，单击"确定"按钮。

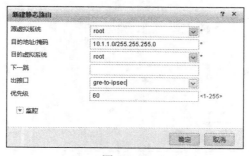

图 6-5-14

第 14 步，配置 HFW2 安全策略，如图 6-5-15 所示。注意在生产环境中需要对策略进行细化配置。

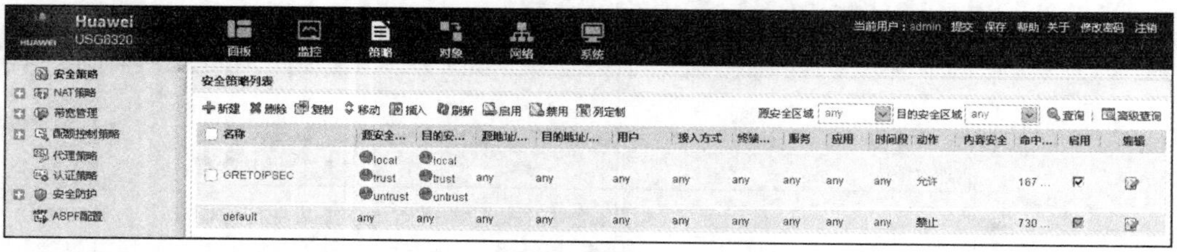

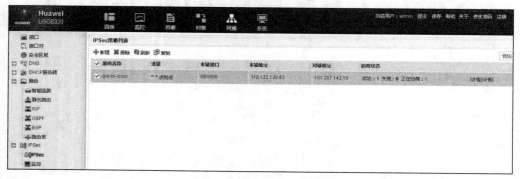

图 6-5-15

第 15 步，查看 HFW2 防火墙 IPSec 策略列表，协商状态成功为 1，如图 6-5-16 所示。

图 6-5-16

第 16 步，查看 HFW2 防火墙 GRE 监控列表，GRE 获取数据报文，如图 6-5-17 所示。

第 17 步，在虚拟机 HW-Untrust_WIN7 上使用 ping 命令测试对端网络连通性，网络正常，如图 6-5-18 所示。

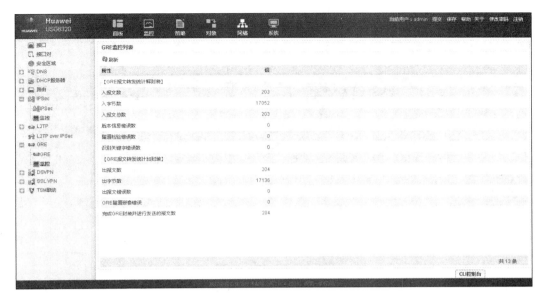

图 6-5-17

图 6-5-18

第 18 步，查看 HFW1 防火墙 IPSec 监控列表，IPSec VPN 协商成功，如图 6-5-19 所示。

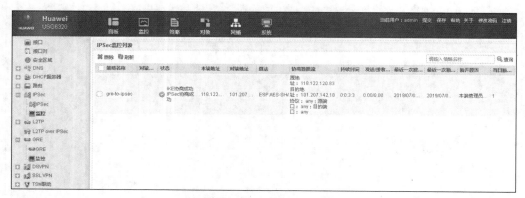

图 6-5-19

第 19 步，查看 HFW1 防火墙 GRE 监控列表，GRE 获取数据报文，如图 6-5-20 所示。

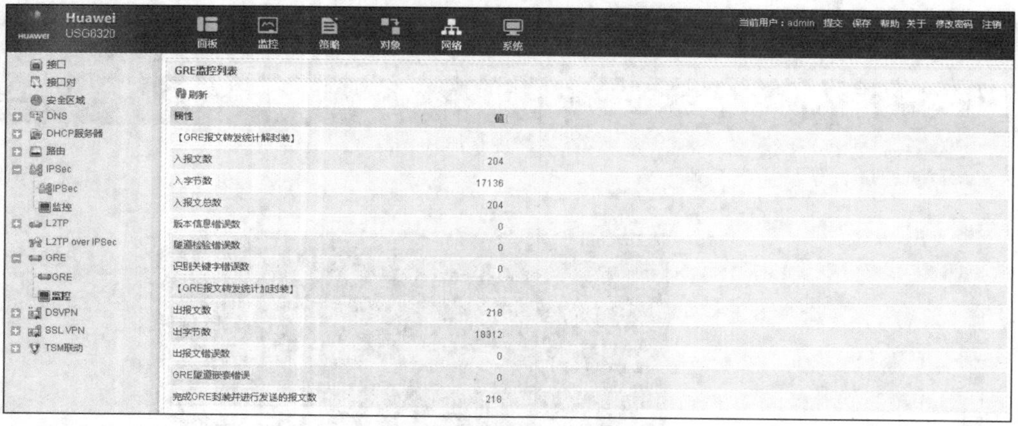

图 6-5-20

第 20 步，在虚拟机 HW-Inside_WIN7 上访问对端 IIS 服务器，同时使用 ping 命令测试对端网络连通性，IIS 服务器访问正常，ping 网络正常，说明 GRE over IPSec VPN 配置正确，如图 6-5-21 所示。

至此，GRE over IPSec VPN 配置完成，两种 VPN 技术的同时使用，能够更好地加密数据，确保通信的安全，在生产环境中可以结合实际情况使用。

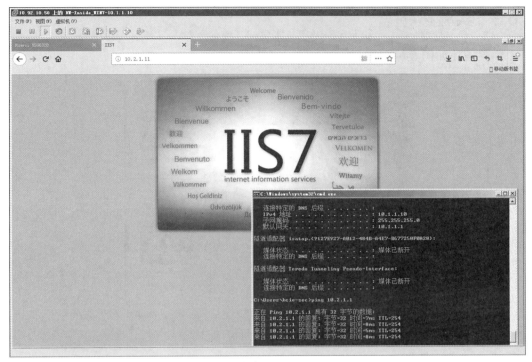

图 6-5-21

6.6 配置使用 L2TP over IPSec VPN

L2TP over IPSec 是 IPSec 应用中一种常见的扩展方式,它可以综合两种 VPN 的优势,通过 L2TP 实现用户验证和地址分配,并利用 IPSec 保障安全性。

6.6.1 实验目的

配置 HFW2 防火墙 L2TP over IPSec VPN,移动客户端用户可以通过互联网拨入内部网络,访问 IIS 服务器。

6.6.2 实验设备

华为 USG6320 防火墙 1 台(简称 HFW2),虚拟机 HW-Untrust_WIN08 提供 IIS 服务,L2TP VPN 客户端可以拨入访问内部网络。

6.6.3　实验拓扑

实验拓扑如图 6-6-1 所示。

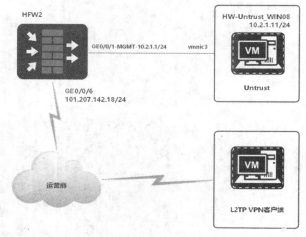

图 6-6-1

6.6.4　实验步骤

为保证实验效果，本节实验清空设备原配置后再进行配置操作，并且采用图形界面进行配置。

第 1 步，对 HFW2 防火墙 GE0/0/1 以及 GE0/0/6 接口进行配置，如图 6-6-2 所示。

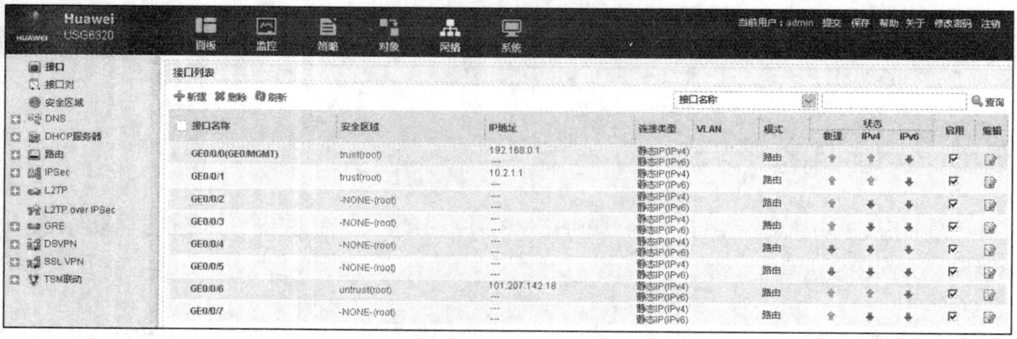

图 6-6-2

第 2 步，配置 L2TP over IPSec 隧道参数，如图 6-6-3 所示。

第 3 步，配置拨号用户访问内部网络的地址池，如图 6-6-4 所示。

图 6-6-3

图 6-6-4

第 4 步，配置 IPSec 加密的报文，如图 6-6-5 所示，单击"确定"按钮。

图 6-6-5

第 5 步，创建 L2TP 隧道，如图 6-6-6 所示，单击"确定"按钮。

第 6 步，创建拨号使用的用户，如图 6-6-7 所示，单击"确定"按钮。

第 7 步，配置安全策略，如图 6-6-8 所示。注意在生产环境中需要对策略进行细化配置。

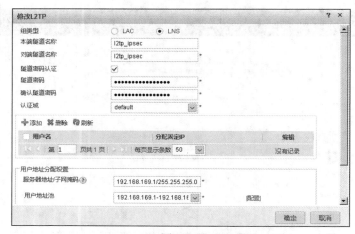

图 6-6-6

图 6-6-7

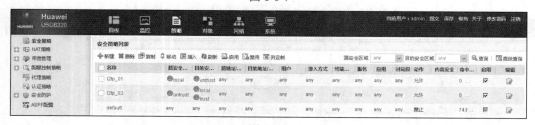

图 6-6-8

第 8 步，拨号客户端需要安装 Secoway VPN Client 软件后进行配置，如图 6-6-9 所示，单击"保存"按钮。

第9步，输入服务器地址、用户名、密码，如图6-6-10所示，单击"登录"按钮。

图 6-6-9

图 6-6-10

第10步，查看IPSec策略监控列表，L2TP over IPSec 协商成功，如图6-6-11所示。

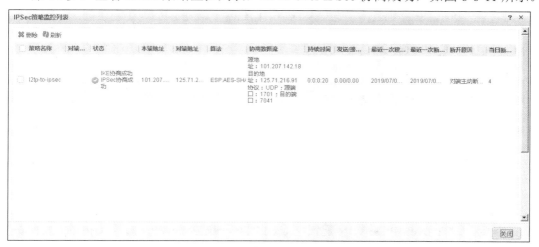

图 6-6-11

第 11 步，查看 L2TP 通道监控列表，客户端拨入成功，如图 6-6-12 所示。

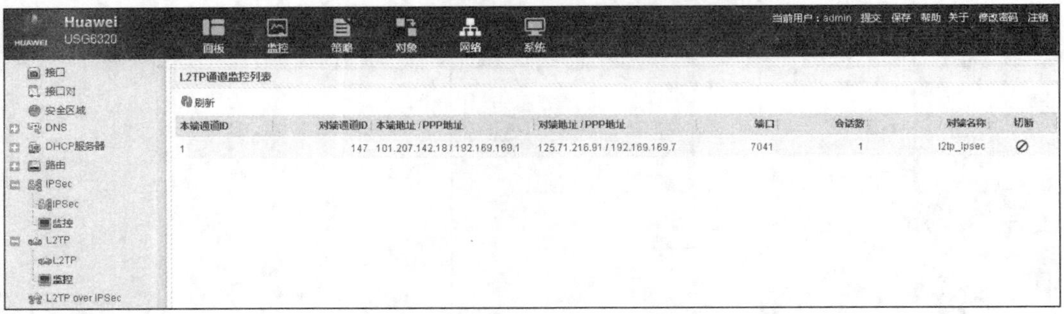

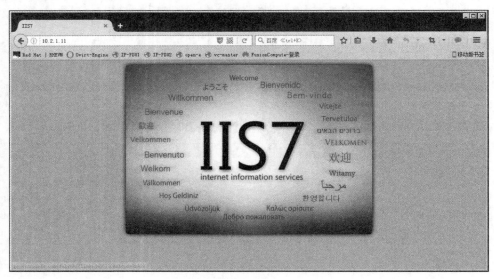

图 6-6-12

第 12 步，在 L2TP over IPSec 客户端使用浏览器访问内部 IIS 服务器，访问正常，如图 6-6-13 所示。

图 6-6-13

第 13 步，在客户端使用 ping 命令检查网络连通性，再使用命令查看获取 IP 地址情况，如图 6-6-14 所示。这说明 L2TP over IPSec VPN 配置正确。

至此，L2TP over IPSec VPN 配置完成。L2TP over IPSec VPN 解决了传统 L2TP 安全性相对较差的问题，两者的结合可以让用户有更多的选择。

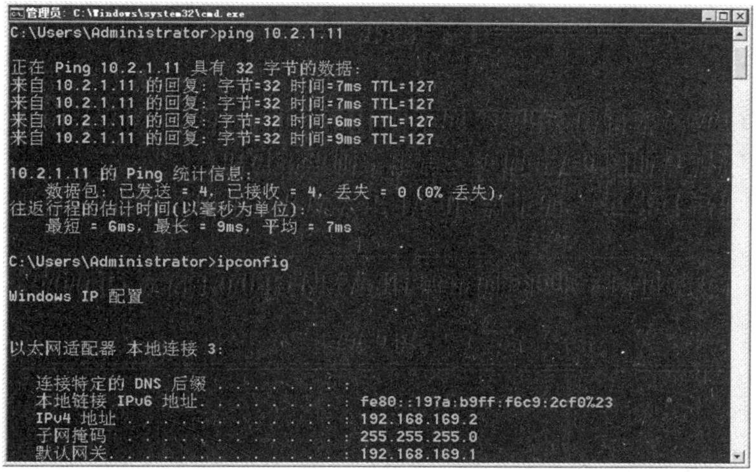

图 6-6-14

6.7 配置使用 DSVPN

动态智能 VPN(Dynamic Smart IPSec VPN，DSVPN)通过下一跳地址解析协议(Next Hop Resolution Protocol，NHRP) 动态收集、维护和发布分支节点的互联网地址信息，解决了分支节点使用动态互联网 IP 地址的问题。同时，为了在 VPN 隧道中能够传送如动态路由协议的组播报文，DSVPN 在网络节点之间采用 MGRE 协议建立 VPN 隧道。分支之间建立 VPN 隧道以后，分支之间的业务流量将不再经过总部中转，从而减轻了总部的负担，也避免了网络延时。DSVPN 网络只支持静态路由和 OSPF 路由协议。

6.7.1 实验目的

配置 HFW3 为总部-Hub 防火墙，配置 HFW1、HFW2 为分支机构-Spoke 防火墙，实现分支机构 1 与分支机构 2 的 VPN 访问，流量不经过总部-Hub 防火墙。

6.7.2 实验设备

华为 USG6320 防火墙 3 台(简称 HFW1、HFW2、HFW3)，虚拟机 HW-Inside_WIN7、HW-Untrust_WIN08、HW-DMZ_WIN08 为客户端。

6.7.3 实验拓扑

实验拓扑如图 6-7-1 所示。

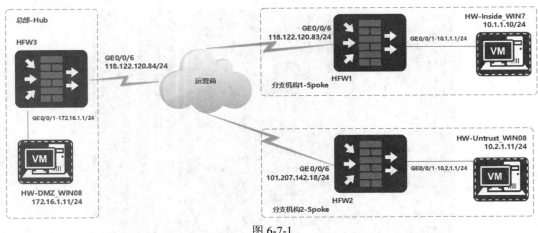

图 6-7-1

6.7.4　实验步骤

为保证实验效果，本节实验清空设备原配置后再进行配置操作，并且采用图形界面进行配置。

第 1 步，对总部-Hub 防火墙 HFW3 的 GE0/0/1 以及 GE0/0/6 接口进行配置，如图 6-7-2 所示。

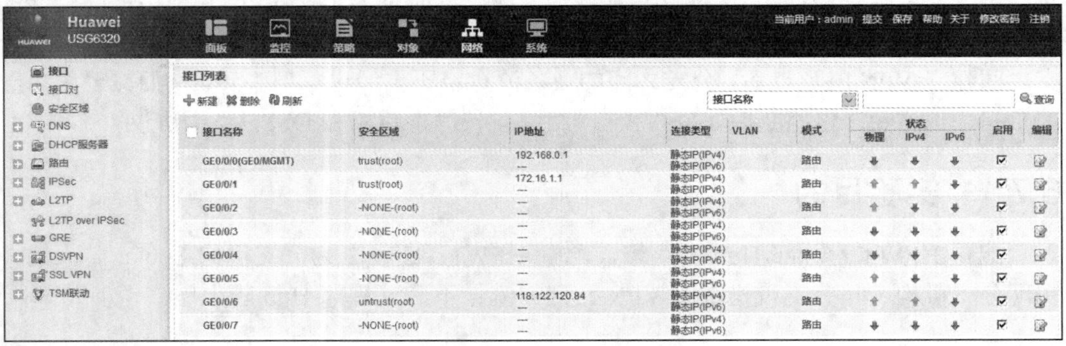

图 6-7-2

第 2 步，新建 DSVPN，防火墙 HFW3 定义为总部-Hub，设备身份选择总部，其他参数配置如图 6-7-3 所示，单击"确定"按钮。

第 3 步，完成总部-Hub 防火墙 HFW3 的配置，如图 6-7-4 所示。

第 4 步，对分支机构 1-Spoke 防火墙 HFW1 的 GE0/0/1 以及 GE0/0/6 接口进行配置，如图 6-7-5 所示。

图 6-7-3

图 6-7-4

图 6-7-5

第 5 步，新建 DSVPN，防火墙 HFW1 定义为分支机构 1-Spoke，设备身份选择分支机构，其他参数配置如图 6-7-6 所示，单击"确定"按钮。

图 6-7-6

第 6 步，完成分支机构 1-Spoke 防火墙 HFW1 的配置，如图 6-7-7 所示。

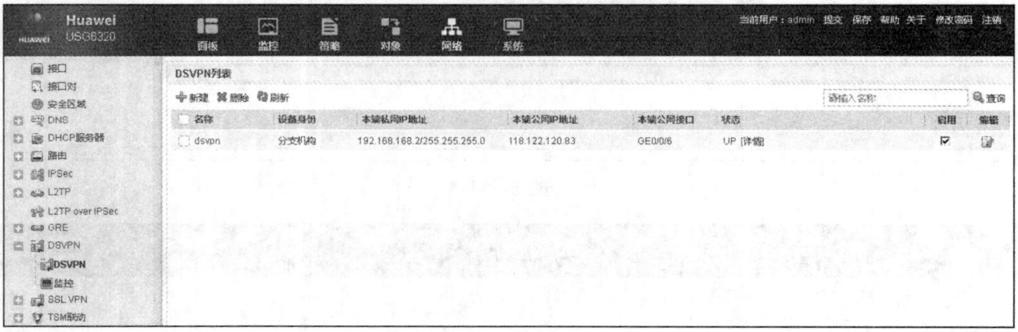

图 6-7-7

第 7 步，对分支机构 2-Spoke 防火墙 HFW2 的 GE0/0/1 以及 GE0/0/6 接口进行配置，如图 6-7-8 所示。

第 8 步，新建 DSVPN，防火墙 HFW1 定义为分支机构 2-Spoke，设备身份选择分支机构，其他参数配置如图 6-7-9 所示，单击"确定"按钮。

第 9 步，完成分支机构 2-Spoke 防火墙 HFW2 的配置，如图 6-7-10 所示。

图 6-7-8

图 6-7-9

图 6-7-10

第 10 步，在总部-Hub 防火墙 HFW3 查看 DSVPN 监控列表，两个分支机构成功连接，如图 6-7-11 所示。

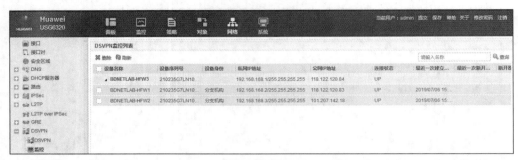

图 6-7-11

第 11 步，在分支机构 1-Spoke 防火墙 HFW1 查看 DSVPN 监控列表，分支机构 1-Spoke 分别与总部-Hub、分支机构 2-Spoke 成功连接，如图 6-7-12 所示。

图 6-7-12

第 12 步，在分支机构 2-Spoke 防火墙 HFW2 查看 DSVPN 监控列表，分支机构 2-Spoke 分别与总部-Hub、分支机构 1-Spoke 成功连接，如图 6-7-13 所示。

图 6-7-13

第 13 步，在总部虚拟机上访问分支机构 2 内部 IIS 服务器，访问正常，如图 6-7-14 所示。

第 14 步，在分支机构 1 虚拟机上访问分支机构 2 内部 IIS 服务器，访问正常，如图 6-7-15 所示。

图 6-7-14

图 6-7-15

第 15 步，查看总部-Hub 防火墙 HFW3 会话列表，可以看到 HFW3 与 HFW1、HFW2 建立了两条 gre 隧道。

```
[BDNETLAB-HFW3]display firewall session table
Current Total Sessions: 5
    https VPN:public --> public 172.16.1.10:49394-->172.16.1.1:8443
    https VPN:public --> public 172.16.1.10:49379[118.122.120.84:2048]-->
54.149.18.149:443
    gre VPN:public --> public 118.122.120.83:0-->118.122.120.84:0 #建立的
gre 隧道
    tcp VPN:public --> public 118.122.34.19:52155-->118.122.120.84:1433
    gre VPN:public --> public 101.207.142.18:0-->118.122.120.84:0 #建立的
gre 隧道
```

第 16 步，查看总部-Hub 防火墙 HFW3 映射表，可以看到 HFW3 与 HFW1，HFW3 与 HFW2 分别建立了隧道。

```
[BDNETLAB-HFW3]display nhrp entry brief
current NHRP entry number: 3
------------------------------------------------------------------------
Protocol-addr    Mask    NBMA-addr        Nexthop-addr    Type    Flag
------------------------------------------------------------------------
192.168.168.1    32      118.122.120.84   192.168.168.1   local    Up
192.168.168.3    32      101.207.142.18   192.168.168.3   dynamic Up|Unique
192.168.168.2    32      118.122.120.83   192.168.168.2   dynamic Up|Unique
```

第 17 步，查看分支机构 1-Spoke 防火墙 HFW1 会话列表，可以看到 HFW1 与 HFW2、HFW3 建立了两条 gre 隧道。

```
[BDNETLAB-HFW1]display firewall session table
 Current Total Sessions: 31
……（省略）
  gre VPN:public --> public 118.122.120.83:0-->118.122.120.84:0
  icmp VPN:public --> public 10.2.1.10:2-->10.1.1.1:2048
  gre VPN:public --> public 101.207.142.18:0-->118.122.120.83:0
……（省略）
```

第 18 步，查看分支机构 1-Spoke 防火墙 HFW1 映射表，可以看到 HFW1 与 HFW2，HFW1 与 HFW3 分别建立了隧道。

```
[BDNETLAB-HFW1]display nhrp entry brief
current NHRP entry number: 3
------------------------------------------------------------------------
Protocol-addr    Mask   NBMA-addr         Nexthop-addr     Type      Flag
```

```
-------------------------------------------------------------------
192.168.168.1    32    118.122.120.84    192.168.168.1    static    Up|Hub
192.168.168.3    32    101.207.142.18    192.168.168.3    dynamic   Up
192.168.168.2    32    118.122.120.83    192.168.168.2    local     Up
```

第 19 步，查看分支机构 2-Spoke 防火墙 HFW2 会话列表，可以看到 HFW2 与 HFW1、HFW3 建立了两条 gre 隧道。

```
[BDNETLAB-HFW2]display firewall session table
Current Total Sessions: 31
……（省略）
  icmp VPN:public --> public 10.2.1.10:2-->10.1.1.1:2048
  gre VPN:public --> public 101.207.142.18:0-->118.122.120.83:0
  gre VPN:public --> public 101.207.142.18:0-->118.122.120.84:0
……（省略）
```

第 20 步，查看分支机构 2-Spoke 防火墙 HFW2 映射表，可以看到 HFW2 与 HFW3，HFW2 与 HFW1 分别建立了隧道。

```
[BDNETLAB-HFW2]display nhrp entry brief
current NHRP entry number: 3
-------------------------------------------------------------------
Protocol-addr    Mask   NBMA-addr         Nexthop-addr     Type      Flag
-------------------------------------------------------------------
192.168.168.1    32    118.122.120.84    192.168.168.1    static    Up|Hub
192.168.168.3    32    101.207.142.18    192.168.168.3    local     Up
192.168.168.2    32    118.122.120.83    192.168.168.2    dynamic   Up
```

至此，DSVPN 配置完成。DSVPN 的出现优化了分支机构 VPN 网络的访问，避免了分支机构之间网络访问必须经过总部可能造成的延时等问题。DSVPN 支持对数据流进行加密，启用 IPSec 选项即可。

6.8　本章小结

本章介绍了华为 USG 防火墙多种 VPN 配置，每种 VPN 具有自己的特色。在生产环境中需要结合实际的 VPN 需求，选择适合自己的 VPN。

第 7 章
配置使用 UTM

华为 USG 系列防火墙融合了网关防病毒、入侵防御、URL 过滤等多种功能特性，能够很好地解决内外部网络的安全问题，为内部网络提供良好的保障。本章介绍 UTM 的使用。

本章要点
- 升级 UTM 库
- 配置 UTM 防病毒
- 配置 UTM 入侵防御

7.1 升级 UTM 库

UTM 由多种内置的信息库组成，包括入侵防御特征库、反病毒特征库、应用识别特征库、地区识别特征库。配置 UTM，需要检查 UTM 库的版本是否是最新版本以升级服务有效期，这样才能保证 UTM 能够为内部网络提供安全保障。

7.1.1 实验目的

配置 HFW1 防火墙，对 UTM 库升级。

7.1.2 实验设备

华为 USG6320 防火墙 1 台（简称 HFW1），虚拟机 HW-Inside_WIN7 为客户端。

7.1.3 实验拓扑

实验拓扑如图 7-1-1 所示。

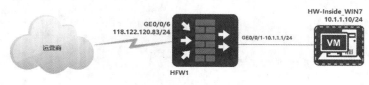

图 7-1-1

7.1.4 实验步骤

本节实验采用图形界面进行配置。

第 1 步，使用浏览器登录防火墙图形界面，选择系统中的升级中心列表，可以看到 UTM 库相关信息，注意入侵防御特征库、反病毒特征库两个库的版本没有信息，如图 7-1-2 所示。其原因是未授权。

图 7-1-2

第 2 步，对应用识别特征库进行升级，升级完成后版本发布日期发生变化，如图 7-1-3 所示。

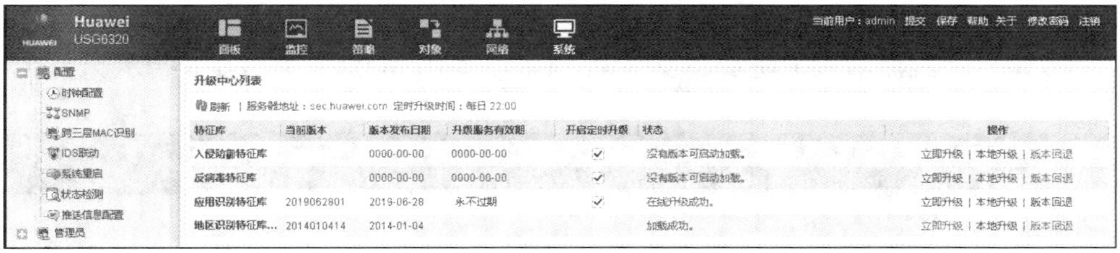

图 7-1-3

第 3 步，查看 License 管理，其中内容安全组合、国密功能、入侵防御、反病毒、URL 过滤未得到授权，如图 7-1-4 所示，单击"激活"按钮。

图 7-1-4

第 4 步，如果未购买授权，可以选择 License 试用，如图 7-1-5 所示，单击"激活"按钮。

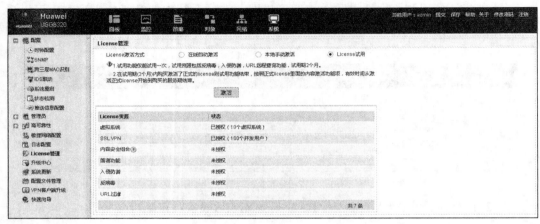

图 7-1-5

第 5 步，在线激活入侵防御、反病毒、URL 过滤功能，如图 7-1-6 所示。

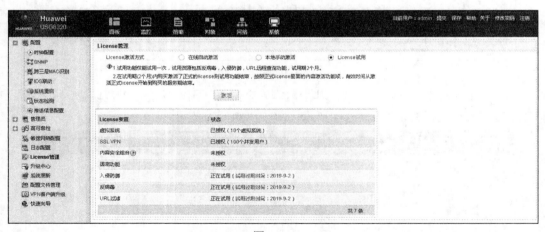

图 7-1-6

第 6 步，激活后可以对入侵防御特征库、反病毒特征库进行升级，如图 7-1-7 所示。

第 7 步，在生产环境中推荐配置定时升级时间，保证 UTM 库为最新版本，如图 7-1-8 所示，单击"确定"按钮。

图 7-1-7

图 7-1-8

至此，UTM 库升级配置完成。在生产环境中一定要注意是否购买 UTM 相关授权以及授权的有效期，否则 UTM 库将无法进行升级。

7.2 配置 UTM 防病毒

UTM 防病毒也称为网关防病毒技术，网关防病毒是将所有经过网关的文件全部缓存，送入病毒检测引擎进行病毒检测。UTM 防病毒需要 License 授权以及升级，如果未授权，该功能将无法使用。

7.2.1 实验目的

配置 HFW1 防火墙 UTM 防病毒功能。

7.2.2 实验设备

华为 USG6320 防火墙 1 台（简称 HFW1），虚拟机 HW-Inside_WIN7 为客户端。

7.2.3　实验拓扑

实验拓扑如图 7-2-1 所示。

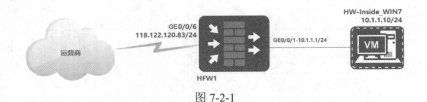

图 7-2-1

7.2.4　实验步骤

本节实验采用图形界面进行配置。

第 1 步，使用浏览器登录防火墙图形界面，选择对象中的安全配置文件下的反病毒，可以看到默认反病毒配置文件，如图 7-2-2 所示。

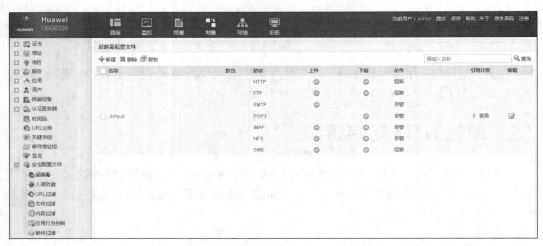

图 7-2-2

第 2 步，新建反病毒配置文件，可以根据生产环境的需求定义反病毒使用的协议，如图 7-2-3 所示，单击"确定"按钮。

第 3 步，新建安全策略，在内容安全中调用创建的反病毒配置文件，如图 7-2-4 所示，单击"确定"按钮。

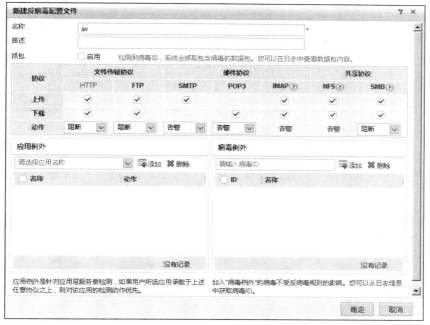

图 7-2-3

图 7-2-4

第 4 步，确认安全策略调用内容安全，否则反病毒配置无效，如图 7-2-5 所示。

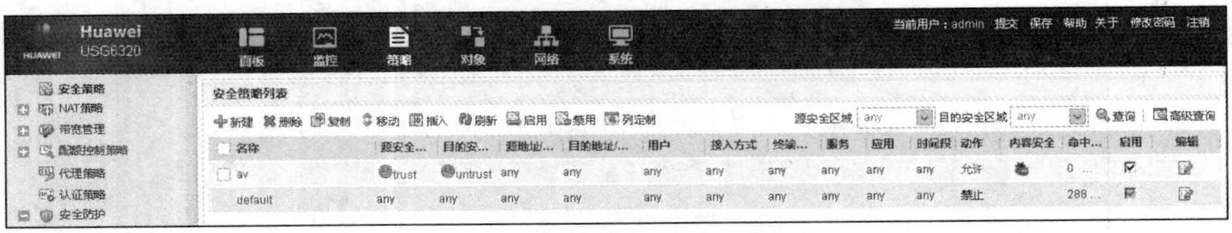

图 7-2-5

第 5 步，在威胁日志信息中可以查看反病毒记录，如图 7-2-6 所示。如果通过网关传输的文件有反病毒特征库中收录的病毒信息，那么威胁日志中会记录相关信息。

图 7-2-6

7.3　配置 UTM 入侵防御

入侵是指未经过授权访问或者篡改内部系统中的数据，比较常见的入侵包括破解系统密码、查看篡改敏感数据、访问未经允许的服务等。UTM 入侵防御属于智能化的入侵检测和防御产品，不但能够检测入侵的发生，还能够通过一定的响应中止入侵行为的发生，保护内部系统不受攻击。

7.3.1　实验目的

配置 HFW1 防火墙 UTM 入侵防御功能。

7.3.2 实验设备

华为 USG6320 防火墙 1 台（简称 HFW1），虚拟机 HW-Inside_WIN7 为客户端。

7.3.3 实验拓扑

实验拓扑如图 7-3-1 所示。

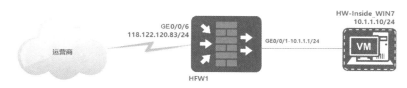

图 7-3-1

7.3.4 实验步骤

本节实验采用图形界面进行配置。

第 1 步，使用浏览器登录防火墙图形界面，选择对象中的安全配置文件下的入侵防御，可以看到默认入侵防御配置文件，如图 7-3-2 所示。

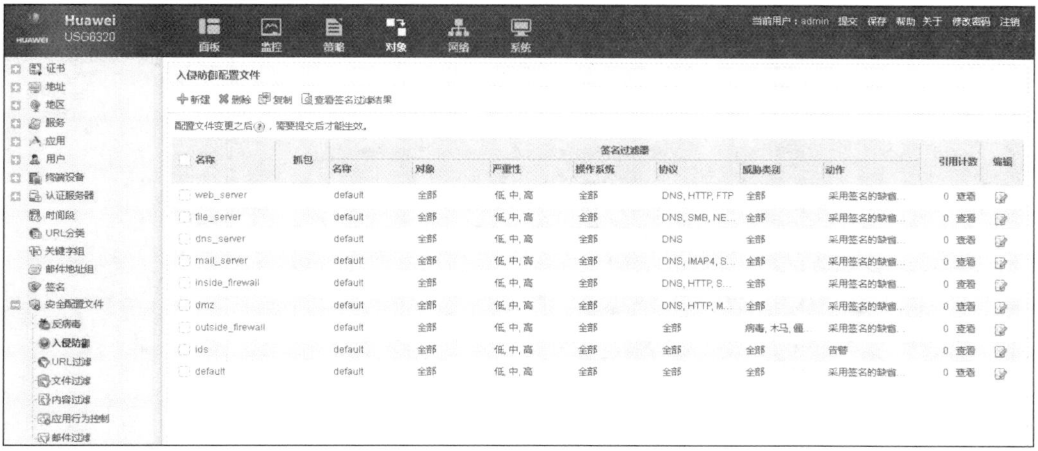

图 7-3-2

第 2 步，新建入侵防御配置文件，如图 7-3-3 所示，重新定义签名过滤器，单击"新建"按钮。

第 3 步，新建签名过滤器，在生产环境中可以根据实际情况进行定义，图 7-3-4 对 Windows 操作系统客户端 HTTP 进行了定义，单击"预览签名过滤结果"按钮。

图 7-3-3

图 7-3-4

第 4 步，在预览签名过滤结果中可以对签名过滤器内容进行预览，包括多种木马、攻击等入侵信息，如图 7-3-5 所示。需要注意，生产环境设备需要及时更新入侵防御特征库版本以保证防火墙能够识别新型的木马以及新的攻击方式。

图 7-3-5

第 5 步，确认签名过滤器配置完成，如图 7-3-6 所示，单击"确定"按钮。

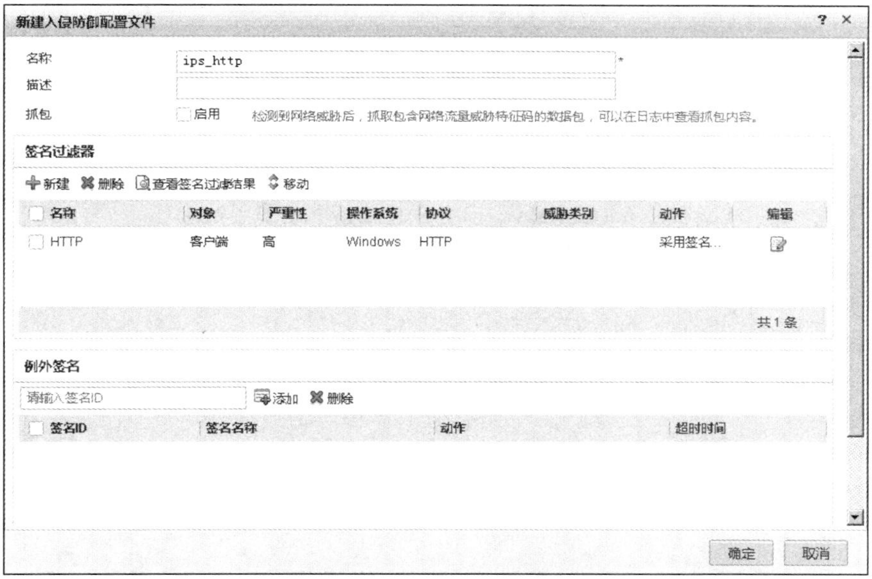

图 7-3-6

第 6 步，完成自定义入侵防御配置文件的配置，如图 7-3-7 所示。特别注意入侵防御配置文件需要提交后才能生效。

第 7 步，新建安全策略，在内容安全中调用创建的入侵防御配置文件，特别注意源安全区域与目的安全区域的配置，图 7-3-8 配置的是防御外部网络到 local、dmz、trust 区域的入侵和攻击，单击"确定"按钮。

第 8 步，确认安全策略调用内容安全，否则入侵防御配置无效，如图 7-3-9 所示。

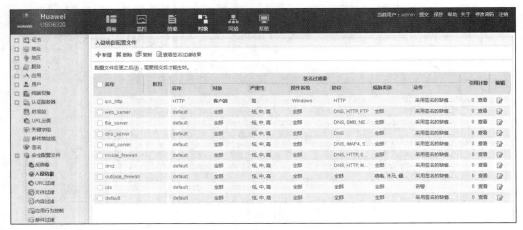

图 7-3-7

图 7-3-8

图 7-3-9

第 9 步，在威胁日志信息中可以查看相关记录，如图 7-3-10 所示。如果存在入侵防御特征库中收录的木马以及攻击信息，那么威胁日志会记录相关信息。

图 7-3-10

7.4　本章小结

本章介绍了华为 UTM 的基本配置，为防止网络安全威胁，强烈推荐启用 UTM。需要注意，UTM 需要购买授权和激活才能使用，还需要检查授权是否在有效期内，旧的版本无法防御新出现的安全攻击。

第 8 章
配置用户认证

默认情况下，华为 USG 防火墙用户访问网络为免认证方式，但在生产环境中，可能会限制部分用户访问网络，那么可以配置用户认证保障网络安全。本章介绍如何配置用户认证。

本章要点
● 配置密码认证

8.1 配置密码认证

8.1.1 实验目的

配置 HFW1 防火墙密码认证功能，用户必须通过认证才能访问网络。

8.1.2 实验设备

华为 USG6320 防火墙 1 台（简称 HFW1），虚拟机 HW-Inside_WIN7、HW-Trust_WIN7 为客户端。

8.1.3 实验拓扑

实验拓扑如图 8-1-1 所示。

8.1.4 实验步骤

本节实验采用图形界面进行配置。

第 1 步，配置 HFW1 防火墙，虚拟机 HW-Inside_WIN7、HW-Trust_WIN7 无须认证就可以访问互联网，如图 8-1-2、图 8-1-3 所示。

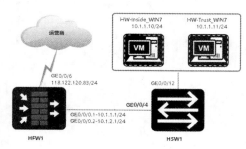

图 8-1-1

图 8-1-2

图 8-1-3

第 2 步，新建用户用于认证，如图 8-1-4 所示，单击"确定"按钮。

第 3 步，新建地址用于认证调用，如图 8-1-5 所示，单击"确定"按钮。

第 4 步，默认情况认证策略的认证动作为不认证，如图 8-1-6 所示，单击"新建"按钮。

第 5 步，新建认证策略，源地址选择新建的 guest，代表 guest 地址访问网络需要认证，如图 8-1-7 所示，单击"确定"按钮。

图 8-1-4

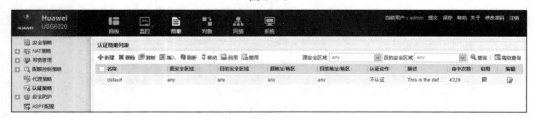

图 8-1-5

图 8-1-6

第 6 步，新建安全策略，客户端可以访问认证地址端口 8887，如图 8-1-8 所示。

图 8-1-7

图 8-1-8

第 7 步，在受限制访问虚拟机的情况下打开网页，系统提示"您必须先登录此网络才能访问互联网"，说明密码认证生效，输入用户名以及密码，如图 8-1-9 所示，单击"登录"按钮。

图 8-1-9

第 8 步，密码认证成功后，客户端成功访问互联网，如图 8-1-10 所示。

图 8-1-10

至此，配置密码认证完成。该功能可以很好地限制用户对于网络的访问，通过定义不同的策略，可以限制内部网络以及外部网络的访问，以保证内部网络的安全性。

8.2　本章小结

用户认证功能是华为 USG 防火墙比较有用的功能，特别适用于多种人员组合的综合办公条件，比如某企业办公人员由内勤人员、外勤人员、外部派遣人员等组成，使用用户认证功能可以非常方便地控制用户对网络的访问，或限制隔离访问，以保证内部网络的安全。

第 9 章
生产环境案例

在生产环境中，安全设备的使用是多元化的，比如存在多个厂商的设备，这时华为 USG 防火墙与其他厂商设备的配置，企业生产环境完整架构如何设计等都是需要解决的问题。本章结合生产环境的常用案例进行介绍。

本章要点
- 华为 USG 防火墙与思科 ASA 防火墙 IPSec VPN 配置
- 华为 USG 防火墙在中小企业的典型应用

9.1 华为 USG 防火墙与思科 ASA 防火墙 IPSec VPN 配置

9.1.1 实验目的

在华为 USG 防火墙与思科 ASA 防火墙上配置 IPSec VPN，确保可以相互访问。

9.1.2 实验设备

华为 USG6320 防火墙 1 台（简称 HFW2），思科 ASA 5505 防火墙 1 台（简称 ciscoasa）。

9.1.3 实验拓扑

实验拓扑如图 9-1-1 所示。

9.1.4 实验步骤

本节实验结合图形界面和命令行模式进行配置，实验操作给出重要配置，其他细节配置可以参考本书其他章节内容。

第 1 步，配置 HFW2 防火墙 IPSec VPN 基本参数，如图 9-1-2 所示。

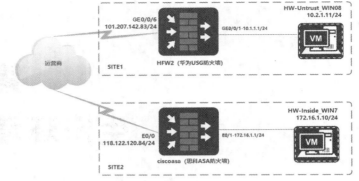

图 9-1-1

图 9-1-2

第 2 步，配置 HFW2 防火墙加密的数据流，如图 9-1-3 所示。

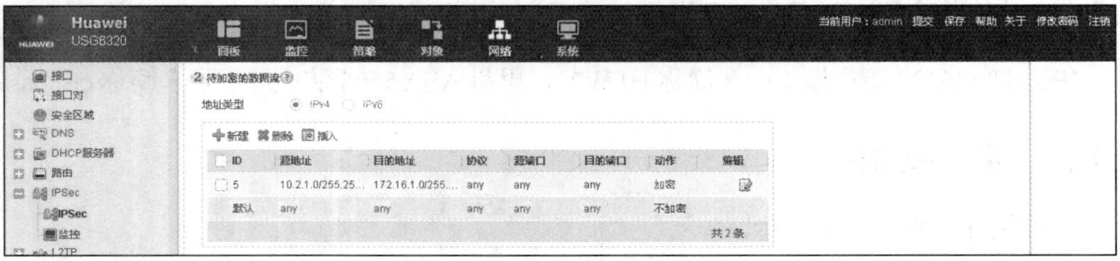

图 9-1-3

第 3 步，配置 HFW2 防火墙 IKE 以及 IPSec 安全提议参数，如图 9-1-4 所示。特别注意 IKE 版本以及 IPSec 封装模式要与思科 ASA 防火墙匹配。

第 4 步，使用命令查看配置思科 ASA 防火墙运行的软件版本，注意思科 ASA 防火墙版本不能太低，推荐使用 8.×版本。

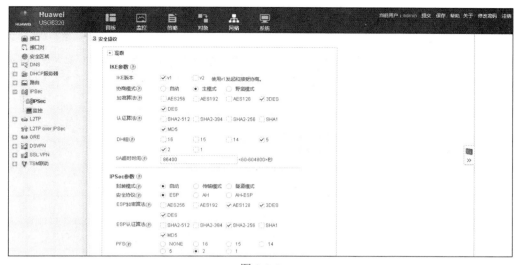

图 9-1-4

```
ciscoasa# show version

Cisco Adaptive Security Appliance Software Version 8.2(3)  #思科 ASA 防
火墙运行的版本
Device Manager Version 6.3(5)

Compiled on Fri 06-Aug-10 07:51 by builders
System image file is "disk0:/asa823-k8.bin"
Config file at boot was "startup-config"

ciscoasa up 4 hours 36 mins

Hardware: ASA5505, 256 MB RAM, CPU Geode 500 MHz  #思科 ASA 防火墙硬件信息
Internal ATA Compact Flash, 128MB
BIOS Flash M50FW080 @ 0xffe00000, 1024KB

Encryption hardware device: Cisco ASA-5505 on-board accelerator (revision 0x0)
                            Boot microcode: CN1000-MC-BOOT-2.00
                            SSL/IKE microcode: CNLite-MC-SSLm-PLUS-2.03
                            IPSec microcode: CNlite-MC-IPSECm-MAIN-2.04

0: Int: Internal-Data0/0: address is 0023.5e4d.f31d, irq 11
1: Ext: Ethernet0/0: address is 0023.5e4d.f315, irq 255
2: Ext: Ethernet0/1: address is 0023.5e4d.f316, irq 255
3: Ext: Ethernet0/2: address is 0023.5e4d.f317, irq 255
4: Ext: Ethernet0/3: address is 0023.5e4d.f318, irq 255
```

```
 5: Ext: Ethernet0/4: address is 0023.5e4d.f319, irq 255
 6: Ext: Ethernet0/5: address is 0023.5e4d.f31a, irq 255
 7: Ext: Ethernet0/6: address is 0023.5e4d.f31b, irq 255
 8: Ext: Ethernet0/7: address is 0023.5e4d.f31c, irq 255
 9: Int: Internal-Data0/1: address is 0000.0003.0002, irq 255
10: Int: Not used: irq 255
11: Int: Not used: irq 255

Licensed features for this platform:
Maximum Physical Interfaces: 8
VLANs: 20, DMZ Unrestricted
Inside Hosts: Unlimited
Failover: Active/Standby
VPN-DES: Enabled
VPN-3DES-AES: Enabled
SSL VPN Peers: 10
Total VPN Peers: 25
Dual ISPs: Enabled
VLAN Trunk Ports: 8
Shared License: Enabled
AnyConnect for Mobile: Enabled
AnyConnect for Cisco VPN Phone: Enabled
AnyConnect Essentials: Enabled
Advanced Endpoint Assessment: Enabled
UC Phone Proxy Sessions: 2
Total UC Proxy Sessions: 2
Botnet Traffic Filter: Enabled

This platform has an ASA 5505 Security Plus license.    #思科 ASA 防火墙许可

Serial Number: JMX1245Z1TQ
Running Activation Key: 0xe623fa46 0x687895e6 0xc572d8a4 0xfde8309c
0xca18fb88
Configuration register is 0x1
Configuration last modified by enable_15 at 01:21:43.039 UTC Wed Apr 30
2008
```

第 5 步，配置思科 ASA 防火墙 IPSec VPN。

```
ciscoasa(config)# crypto isakmp enable outside
```

第 6 步，配置思科 ASA 防火墙第一阶段 ike 策略。

```
ciscoasa(config)# crypto isakmp policy 10
ciscoasa(config-isakmp-policy)# authentication pre-share   #配置第一阶段
预共享密钥
```

```
ciscoasa(config-isakmp-policy)# encryption 3des   #配置 ike 加密算法使用 3des
ciscoasa(config-isakmp-policy)# hash md5          #配置 ike 数据包校验使用 md5
ciscoasa(config-isakmp-policy)# group 2           #配置 dh 交换使用 group 2
ciscoasa(config-isakmp-policy)# lifetime 86400    #配置 ike 超时时间
```

第 7 步，配置思科 ASA 防火墙第二阶段 ike 策略。

```
ciscoasa(config)# access-list ciscoasa extended permit ip 172.16.1.0 2
55.255.255.0 10.2.1.0 255.255.255.0   #定义 IPSec VPN 访问控制列表
ciscoasa(config)# crypto map ipsec_map 10 match address ciscoasa  # 配置
调用访问控制列表
ciscoasa(config)# crypto map ipsec_map 10 set pfs   #启用 pfs，完美向前保密
ciscoasa(config)# crypto map ipsec_map 10 set peer 101.207.142.18  # 配 置
对端 IP 地址
ciscoasa(config)# crypto map ipsec_map 10 set transform-set ciscoasa
#配置转换
```

第 8 步，配置思科 ASA 防火墙 ike 预共享密钥。

```
ciscoasa(config)# tunnel-group 101.207.142.18 type ipsec-l2l #创建 IPSec VPN
隧道，类型为 LAN to LAN IPSec VPN
ciscoasa(config)# tunnel-group 101.207.142.18 ipsec-attributes  #配置预
共享密钥
ciscoasa(config-tunnel-ipsec)# pre-shared-key Huawei@123
```

第 9 步，将配置应用到出接口。

```
ciscoasa(config)# crypto map ipsec_map interface outside  #将配置应用到
outside 出接口
```

第 10 步，查看思科 ASA 防火墙 ipsec sa 信息。

```
ciscoasa# show crypto ipsec sa
interface: outside
        Crypto map tag: ipsec_map, seq num: 10, local addr: 118.122.120.84
          access-list ciscoasa extended permit ip 172.16.1.0 255.255.255.0
10.2.1.0 255.255.255.0
          local ident (addr/mask/prot/port): (172.16.1.0/255.255.255.255/0/0)
          remote ident (addr/mask/prot/port): (10.2.1.0/255.255.255.255/0/0)
          current_peer: 101.207.142.18

          #pkts encaps: 0, #pkts encrypt: 0, #pkts digest: 0
          #pkts decaps: 0, #pkts decrypt: 0, #pkts verify: 0
          #pkts compressed: 0, #pkts decompressed: 0
          #pkts not compressed: 0, #pkts comp failed: 0, #pkts decomp failed: 0
```

```
        #pre-frag successes: 0, #pre-frag failures: 0, #fragments created: 0
        #PMTUs sent: 0, #PMTUs rcvd: 0, #decapsulated frgs needing
reassembly: 0
        #send errors: 0, #recv errors: 0

        local crypto endpt.: 118.122.120.84, remote crypto endpt.: 101.
207. 142.18

        path mtu 1500, ipsec overhead 58, media mtu 1500
        current outbound spi: 8853B5CC
        current inbound spi : 8311B282

    inbound esp sas:
     spi: 0x8311B282 (2198975106)
         transform: esp-3des esp-md5-hmac no compression
         in use settings ={L2L, Tunnel, PFS Group 2, }
         slot: 0, conn_id: 1368064, crypto-map: ipsec_map
         sa timing: remaining key lifetime (kB/sec): (4374000/2618)
         IV size: 8 bytes
         replay detection support: Y
         Anti replay bitmap:
          0x00000000 0x00000001
    outbound esp sas:
     spi: 0x8853B5CC (2287187404)
         transform: esp-3des esp-md5-hmac no compression
         in use settings ={L2L, Tunnel, PFS Group 2, }
         slot: 0, conn_id: 1368064, crypto-map: ipsec_map
         sa timing: remaining key lifetime (kB/sec): (4374000/2618)
         IV size: 8 bytes
         replay detection support: Y
         Anti replay bitmap:
          0x00000000 0x00000001
```

第 11 步，查看思科 ASA 防火墙 isakmp sa 信息，可以看到 SA 状态激活，IKE Peer 为对端华为 USG 防火墙。

```
ciscoasa# show crypto isakmp sa detail

    Active SA: 1
     Rekey SA: 0 (A tunnel will report 1 Active and 1 Rekey SA during
rekey)
   Total IKE SA: 1

1   IKE Peer: 101.207.142.18
```

```
Type: L2L              Role: responder
Rekey: no              State: MM_ACTIVE
Encrypt: 3des          Hash: MD5
Auth: preshared        Lifetime: 86400
Lifetime Remaining: 85519
```

第 12 步，查看思科 ASA 防火墙 vpn 信息。

```
ciscoasa# show vpn-sessiondb l2l

Session Type: LAN-to-LAN

Connection: 101.207.142.18
Index: 334                      IP Addr: 101.207.142.18
Protoco: IKE IPsec
Encryption: 3DES                Hashing: MD5
Bytes Tx: 0                     Bytes Rx: 0
Login Time: 07:05:07 UTC Mon May 5 2008
Duration: 0h:11m:55s
```

第 13 步，查看思科 ASA 防火墙 ipsec 协议状态。

```
ciscoasa# show crypto protocol statistics ipsec
[IPsec statistics]
   Encrypt packet requests: 0
   Encapsulate packet requests: 0
   Decrypt packet requests: 2002
   Decapsulate packet requests: 2002
   HMAC calculation requests: 2002
   SA creation requests: 488
   SA rekey requests: 6
   SA deletion requests: 492
   Next phase key allocation requests: 0
   Random number generation requests: 0
   Failed requests: 0
```

第 14 步，查看华为 USG 防火墙 IPSec VPN 状态，协商状态成功为 1，如图 9-1-5 所示。

图 9-1-5

第 15 步，查看华为 USG 防火墙 IPSec 策略控制列表，可以看到本端地址、对端地址、算法、协商数据流等信息，如图 9-1-6 所示。

图 9-1-6

第 16 步，为帮助读者更好地理解，给出思科 ASA 防火墙全部配置供参考。

```
ciscoasa# show running-config
ASA Version 8.2(3)
!
hostname ciscoasa
enable password 8Ry2YjIyt7RRXU24 encrypted
passwd 2KFQnbNIdI.2KYOU encrypted
names
!
interface Ethernet0/0
!
interface Ethernet0/1
 switchport access vlan 2
!
interface Ethernet0/2
!
interface Ethernet0/3
!
interface Ethernet0/4
!
interface Ethernet0/5
!
interface Ethernet0/6
!
interface Ethernet0/7
!
interface Vlan1
 nameif outside
 security-level 0
 ip address 118.122.120.84 255.255.255.0
!
interface Vlan2
 nameif inside
```

```
    security-level 100
    ip address 172.16.1.1 255.255.255.0
    !
boot system disk0:/asa823-k8.bin
ftp mode passive
access-list 101 extended permit ip 172.16.1.0 255.255.255.0 any
access-list 101 extended permit icmp any any
access-list ciscoasa extended permit ip 172.16.1.0 255.255.255.0 10.2.
1.0 255.255.255.0
access-list icmp extended permit icmp any any
pager lines 24
mtu outside 1500
mtu inside 1500
no failover
icmp unreachable rate-limit 1 burst-size 1
asdm image disk0:/asdm-635.bin
no asdm history enable
arp timeout 14400
global (outside) 1 interface
nat (inside) 1 0.0.0.0 0.0.0.0
access-group icmp in interface outside
access-group icmp in interface inside
route outside 0.0.0.0 0.0.0.0 118.122.120.1 1
timeout xlate 3:00:00
timeout conn 1:00:00 half-closed 0:10:00 udp 0:02:00 icmp 0:00:02
timeout sunrpc 0:10:00 h323 0:05:00 h225 1:00:00 mgcp 0:05:00 mgcp-pat
0:05:00
timeout sip 0:30:00 sip_media 0:02:00 sip-invite 0:03:00 sip-disconnect
0:02:00
timeout sip-provisional-media 0:02:00 uauth 0:05:00 absolute
timeout tcp-proxy-reassembly 0:01:00
dynamic-access-policy-record DfltAccessPolicy
http server enable
http 172.16.1.0 255.255.255.0 inside
no snmp-server location
no snmp-server contact
snmp-server enable traps snmp authentication linkup linkdown coldstart
crypto ipsec transform-set ciscoasa esp-3des esp-md5-hmac
crypto ipsec security-association lifetime seconds 28800
crypto ipsec security-association lifetime kilobytes 4608000
crypto map ipsec_map 10 match address ciscoasa
crypto map ipsec_map 10 set pfs
crypto map ipsec_map 10 set peer 101.207.142.18
crypto map ipsec_map 10 set transform-set ciscoasa
```

```
crypto map ipsec_map interface outside
crypto isakmp enable outside
crypto isakmp policy 10
 authentication pre-share
 encryption 3des
 hash md5
 group 2
 lifetime 86400
telnet timeout 5
ssh timeout 5
console timeout 0

threat-detection basic-threat
threat-detection statistics access-list
no threat-detection statistics tcp-intercept
webvpn
 anyconnect-essentials
tunnel-group 101.207.142.18 type ipsec-l2l
tunnel-group 101.207.142.18 ipsec-attributes
 pre-shared-key *****
!
!
prompt hostname context
call-home
 profile CiscoTAC-1
  no active
  destination address http https://tools.cisco.com/its/service/oddce/
services/DDCEService
  destination address email callhome@cisco.com
  destination transport-method http
  subscribe-to-alert-group diagnostic
  subscribe-to-alert-group environment
  subscribe-to-alert-group inventory periodic monthly
  subscribe-to-alert-group configuration periodic monthly
  subscribe-to-alert-group telemetry periodic daily
Cryptochecksum:6637faa0d6685e421ee2dd9aa2bda82a
: end
```

第 17 步，华为 USG 防火墙全部配置供参考。

```
[BDNETLAB-HFW2]display current-configuration
#
 l2tp domain suffix-separator @
#
```

```
 info-center source URL channel 0 log state off
 info-center source URL channel 4 log state off
#
 cpu-usage-mgmtplane alarm threshold enable
 cpu-usage-dataplane alarm threshold enable
#
 ike dpd interval 10
#
 undo hrp ospfv3-cost adjust-enable
#
 ip df-unreachables enable
#
 dhcp enable
#
 dns resolve
 dns transparent-proxy enable
#
pki certificate access-control-policy default permit
#
 undo dns proxy
#
 license-server domain sdplsp.huawei.com
#
 set disk-scan parameter attach off
 set disk-scan parameter cycle 0
 set disk-scan parameter iostat 0
 set disk-scan parameter speed 0
 set disk-scan parameter switch off
 set disk-scan parameter parallel 0
 undo disk-scan enable
#
 user-manage web-authentication security port 8887
 user-manage single-sign-on ad mode plug-in
password-policy
 level high
page-setting
 user-manage security version tlsv1 tlsv1.1 tlsv1.2
#
 firewall detect ftp
#
 firewall packet-filter basic-protocol enable
#
 sysname BDNETLAB-HFW2
#
```

```
web-manager security version tlsv1 tlsv1.1 tlsv1.2
web-manager enable
web-manager security enable port 8443
undo web-manager config-guide enable
#
update schedule daily 07:29
#
undo factory-configuration prohibit
#
undo rbl-filter enable
#
time-range worktime
  period-range 08:00:00 to 18:00:00 working-day
#
acl number 3000
 rule 5 permit ip source 10.2.1.0 0 destination 172.16.1.0 0
#
ike proposal 2
 encryption-algorithm 3des des
 dh group5 group2
 authentication-algorithm md5
 integrity-algorithm aes-xcbc-96 hmac-sha2-512 hmac-sha2-256 hmac-sha1-96
hmac-md5-96
#
ike peer ike23795934538
 pre-shared-key %$%$A{#981v6W4;vKVUod*&:P$xo%$%$
 ike-proposal 2
 undo version 2
 remote-id-type ip 118.122.120.84
 remote-address 118.122.120.84
#
ipsec proposal prop23795934538
 encapsulation-mode auto
 esp authentication-algorithm sha2-256 md5
 esp encryption-algorithm aes-128   3des des
#
ipsec policy ipsec1971022546 1 isakmp
 security acl 3000
 pfs dh-group2
 ike-peer ike23795934538
 alias ipsecvpn
 proposal prop23795934538
 local-address applied-interface
 sa duration traffic-based 200000000
```

```
  sa duration time-based 3600
#
interface GigabitEthernet0/0/0
 alias GE0/MGMT
 ip address 192.168.0.1 255.255.255.0
 dhcp select interface
 dhcp server ip-range 192.168.0.1 192.168.0.254
 service-manage http permit
 service-manage https permit
 service-manage ping permit
 service-manage ssh permit
 service-manage snmp permit
 service-manage telnet permit
 anti-ddos flow-statistic enable
 anti-ddos syn-flood source-detect alert-rate 100
#
interface GigabitEthernet0/0/1
 ip address 10.2.1.1 255.255.255.0
 service-manage https permit
 service-manage ping permit
#
interface GigabitEthernet0/0/2
#
interface GigabitEthernet0/0/3
#
interface GigabitEthernet0/0/4
#
interface GigabitEthernet0/0/5
#
interface GigabitEthernet0/0/6
 ip address 101.207.142.18 255.255.255.0
 ipsec policy ipsec1971022546 auto-neg
 gateway 101.207.142.1
#
interface GigabitEthernet0/0/7
#
interface NULL0
#
firewall zone local
 set priority 100
#
firewall zone trust
 set priority 85
 add interface GigabitEthernet0/0/0
```

```
 add interface GigabitEthernet0/0/1
 add interface GigabitEthernet0/0/2
#
firewall zone untrust
 set priority 5
 add interface GigabitEthernet0/0/6
#
firewall zone dmz
 set priority 50
#
aaa
 authentication-scheme default
 authentication-scheme admin_local
 authentication-scheme admin_radius_local
 authentication-scheme admin_hwtacacs_local
 authentication-scheme admin_ad_local
 authentication-scheme admin_ldap_local
 authentication-scheme admin_radius
 authentication-scheme admin_hwtacacs
 authentication-scheme admin_ad
 authentication-scheme admin_ldap
 authentication-scheme admin_securid
 authentication-scheme admin_securid_local
 #
 authorization-scheme default
 #
 accounting-scheme default
 #
 manager-user audit-admin
  password cipher %@%@`LjxPz)`^Jn1g^-2A2.T1LC:k"EkJn:H3O{e/RXWiMu8mRID%@%@
  service-type web terminal
  level 15
  ssh authentication-type password
  ssh service-type stelnet
 #
 manager-user admin
  password cipher %@%@X\1jBqJ7z.;iBf(w"x[5C1(|)cN[CUV9_,>@\P$.QRQB07.)%@%@
  service-type web terminal
  level 15
  ftp-directory hda1:
  ssh authentication-type password
  ssh service-type stelnet
```

```
 #
 domain default
  service-type access internet-access
  reference user current-domain
  new-user deny-authentication
 #
role system-admin
  description system-admin
role device-admin
  description device-admin
role device-admin(monitor)
  description device-admin(monitor)
role audit-admin
  description audit-admin
 bind manager-user audit-admin role audit-admin
#
nqa-jitter tag-version 1
#
 banner enable
#
 undo dns proxy ipv6 enable
#
 isp name "china mobile"
 isp name "china mobile" set filename china-mobile.csv
 isp name "china unicom"
 isp name "china unicom" set filename china-unicom.csv
 isp name "china telecom"
 isp name "china telecom" set filename china-telecom.csv
 isp name "china educationnet"
 isp name "china educationnet" set filename china-educationnet.csv
#
user-interface con 0
 authentication-mode aaa
user-interface vty 0 4
 authentication-mode aaa
#
 slb
#
right-manager server-group
#
sa
#
```

```
location
#
agile-network
#
api
#
device-classification
 device-group pc
 device-group mobile-terminal
 device-group undefined-group
#
security-policy
 rule name ipsec1
  source-zone local
  source-zone untrust
  source-zone trust
  destination-zone trust
  destination-zone local
  destination-zone untrust
  action permit
 rule name ipsec2
  source-zone untrust
  destination-zone trust
  action permit
#
auth-policy
#
traffic-policy
#
policy-based-route
#
nat-policy
#
proxy-policy
#
quota-policy
#
 multi-interface
#
return
```

至此，华为 USG 防火墙与思科 ASA 防火墙 IPSec VPN 配置完成。其难度不大，主要在于 IKE 策略的匹配，其他厂商的防火墙 IPSec VPN 配置类似。

9.2　华为 USG 防火墙在中小企业的典型应用

9.2.1　实验目的

本书前面章节是根据知识点进行分解实验，而生产环境的应用是综合性的，本节使用一个中小企业的典型应用进行介绍。

9.2.2　实验设备

华为 USG6320 防火墙 1 台（简称 HFW1），虚拟机 HW-Inside_WIN7、HW-Trust_WIN08 为客户端。

9.2.3　实验拓扑

实验拓扑如图 9-2-1 所示。

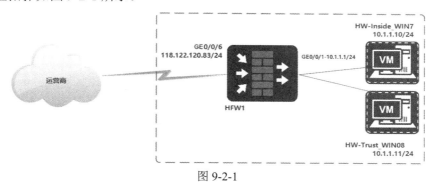

图 9-2-1

9.2.4　实验步骤

华为 USG 防火墙在中小企业的典型应用，重点在于设计规划。因此，本节实验重点在于设计规划，最后会给出全部配置。

1．需求分析

对于中小企业来说，需求相对简单，归纳起来可以分为以下几点。
（1）确保内部用户可以正常访问互联网。
（2）对不同用户进行带宽限制。

（3）避免工作时间使用 P2P 下载占用资源。

（4）在一定程度上保证网络安全。

（5）出差用户可以通过 VPN 访问公司内部 OA 等应用。

2．设计规划

（1）对于中小企业来说，申请 1 条上网线路，可以不考虑双机热备方案，配置 1 台华为 USG6300 系列防火墙即可。

（2）针对不同的部门或应用需求，限制带宽。

（3）配置 URL 过滤等策略限制 P2P 等应用。

（4）配置入侵防御等策略确保网络安全，需要注意购买授权许可。

（5）出差用户访问 OA 等应用采用 SSL VPN 方式提供内部访问。

3．华为 USG 防火墙配置

下面是全部配置，细节部分请参考前面章节的内容。

```
[BDNETLAB-HFW1]display current-configuration
#
 l2tp domain suffix-separator @
#
 info-center source URL channel 0 log state off
 info-center source URL channel 4 log state off
#
 cpu-usage-mgmtplane alarm threshold enable
 cpu-usage-dataplane alarm threshold enable
#
 undo hrp ospfv3-cost adjust-enable
#
 ip df-unreachables enable
#
 dhcp enable
#
 dns resolve
 dns transparent-proxy enable
 dns server bind interface GigabitEthernet0/0/6 preferred 61.139.2.69
alternate 119.6.6.6
 #
pki certificate access-control-policy default permit
 #
 undo dns proxy
 #
 license-server domain sdplsp.huawei.com
```

```
#
 set disk-scan parameter attach off
 set disk-scan parameter cycle 0
 set disk-scan parameter iostat 0
 set disk-scan parameter speed 0
 set disk-scan parameter switch off
 set disk-scan parameter parallel 0
 undo disk-scan enable
#
 user-manage web-authentication security port 8887
 user-manage single-sign-on ad mode plug-in
 user-manage redirect
password-policy
 level high
page-setting
 user-manage security version tlsv1.1 tlsv1.2
#
 firewall detect ftp
#
 sysname BDNETLAB-HFW1
#
 country CN
#
 web-manager security cipher-suit high-strength
 web-manager security version tlsv1.1 tlsv1.2
 web-manager enable
 web-manager security enable port 8443
 undo web-manager config-guide enable
#
 ssl dh-key-length 2048
#
 update schedule daily 22:00
#
 undo factory-configuration prohibit
#
 undo rbl-filter enable
#
 time-range worktime
  period-range 08:00:00 to 18:00:00 working-day
#
interface GigabitEthernet0/0/0
 alias GE0/MGMT
 ip address 192.168.0.1 255.255.255.0
 dhcp select interface
```

```
   dhcp server ip-range 192.168.0.1 192.168.0.254
   dhcp server mask 255.255.255.0
   service-manage http permit
   service-manage https permit
   service-manage ping permit
   service-manage ssh permit
   service-manage snmp permit
   service-manage telnet permit
   anti-ddos flow-statistic enable
   anti-ddos syn-flood source-detect alert-rate 100
#
interface GigabitEthernet0/0/1
 ip address 10.1.1.1 255.255.255.0
 service-manage https permit
 service-manage ping permit
#
interface GigabitEthernet0/0/2
#
interface GigabitEthernet0/0/3
#
interface GigabitEthernet0/0/4
#
interface GigabitEthernet0/0/5
#
interface GigabitEthernet0/0/6
 ip address 118.122.120.83 255.255.255.0
 gateway 118.122.120.1
#
interface GigabitEthernet0/0/7
#
interface NULL0
#
firewall zone local
 set priority 100
#
firewall zone trust
 set priority 85
 add interface GigabitEthernet0/0/0
 add interface GigabitEthernet0/0/1
#
firewall zone untrust
 set priority 5
 add interface GigabitEthernet0/0/6
#
```

```
firewall zone dmz
 set priority 50
#
aaa
 authentication-scheme default
 authentication-scheme admin_local
 authentication-scheme admin_radius_local
 authentication-scheme admin_hwtacacs_local
 authentication-scheme admin_ad_local
 authentication-scheme admin_ldap_local
 authentication-scheme admin_radius
 authentication-scheme admin_hwtacacs
 authentication-scheme admin_ad
 authentication-scheme admin_ldap
 authentication-scheme admin_securid
 authentication-scheme admin_securid_local
 #
 authorization-scheme default
 #
 accounting-scheme default
 #
 manager-user audit-admin
  password cipher %@%@:HHw,W);+Xb%,o5z6>lS6F=4:Q,k"=|+]U'~kiI`+y3H=LC>%@%@
  service-type web terminal
  level 15
  ssh authentication-type password
  ssh service-type stelnet
 #
 manager-user admin
  password cipher %@%@%o@V:d0ID+q\rAS~[uw(\=4+%[iLVk4e4-s;g_Ed!7h1-C:5%@%@
  service-type web terminal
  level 15
  ftp-directory hda1:
  ssh authentication-type password
  ssh service-type stelnet
 #
 domain default
  service-type access internet-access
  reference user current-domain
  new-user deny-authentication
 #
 role system-admin
   description system-admin
 role device-admin
```

```
   description device-admin
role device-admin(monitor)
   description device-admin(monitor)
role audit-admin
   description audit-admin
  bind manager-user audit-admin role audit-admin
#
nqa-jitter tag-version 1

#
 ssh server cipher aes128_ctr
 ssh server hmac sha1 sha1_96 sha2_256
 ssh server key-exchange dh_group_exchange_sha1
#
 banner enable
#
 undo dns proxy ipv6 enable
#
 isp name "china mobile"
 isp name "china mobile" set filename china-mobile.csv
 isp name "china unicom"
 isp name "china unicom" set filename china-unicom.csv
 isp name "china telecom"
 isp name "china telecom" set filename china-telecom.csv
 isp name "china educationnet"
 isp name "china educationnet" set filename china-educationnet.csv
#
 v-gateway sslvpn interface GigabitEthernet0/0/6 port 4430 private
 v-gateway sslvpn interface GigabitEthernet0/0/6 port 4430
 v-gateway sslvpn alias SSLVPN
#
#
user-interface con 0
 authentication-mode aaa
user-interface vty 0 4
 authentication-mode aaa
#
ip address-set guest type object
 address 0 10.1.1.10 mask 32
#
ip address-set guest01 type object
 address 0 10.1.1.10 mask 32
#
ip address-set guest02 type object
```

```
      address 0 10.1.1.11 mask 32
      #
       slb
      #
      right-manager server-group
      #
      #****BEGIN***sslvpn**1****#
      v-gateway sslvpn
       basic
         ssl version tlsv11 tlsv12
         ssl timeout 5
         ssl lifecycle 1440
         ssl ciphersuit custom aes256-sha non-des-cbc3-sha non-rc4-sha non-rc4-
md5 aes128-sha
       service
         web-proxy enable
         web-proxy web-link enable
         web-proxy proxy-resource IIS_OA http://10.1.1.11 show-link
         web-proxy proxy-resource IIS_OA description OA
         network-extension mode split
       security
         policy-default-action permit vt-src-ip
         certification cert-anonymous cert-field user-filter subject cn group-
filter subject cn
         certification cert-anonymous filter-policy permit-all
         certification cert-challenge cert-field user-filter subject cn
         certification user-cert-filter key-usage any
         undo public-user enable
       hostchecker
       cachecleaner
       role
       role default
        role default condition all
      #****END****#
      #
      url-filter category pre-defined subcategory-id 101
       add url *.iqiyi.com
       add url *.qq.com
      #
      profile type url-filter name p2p
       category pre-defined control-level high
       default action block
```

```
#
sa
#
location
#
agile-network
#
api
#
device-classification
 device-group pc
 device-group mobile-terminal
 device-group undefined-group
#
security-policy
 rule name to_internet
  policy logging
  session logging
  source-zone trust
  source-zone local
  destination-zone untrust
  source-address address-set guest01
  source-address address-set guest02
  profile av default
  profile ips web_server
  profile url-filter p2p
  action permit
 rule name sslvpn01
  source-zone untrust
  destination-zone local
  action permit
 rule name sslvpn02
  source-zone local
  destination-zone trust
  destination-address address-set guest02
  service http
  service https
  action permit
#
auth-policy
 rule name guest
  source-zone trust
```

```
    destination-zone untrust
    source-address address-set guest
    action auth
#
traffic-policy
 profile ChinaTelecom2
   bandwidth upstream maximum-bandwidth 5000
   bandwidth upstream guaranteed-bandwidth 2000
   bandwidth downstream maximum-bandwidth 5000
   bandwidth downstream guaranteed-bandwidth 2000
 rule name ChinaTelecom1
   source-zone trust
   egress-interface GigabitEthernet0/0/6
   source-address address-set guest01
   action no-qos
 rule name ChinaTelecom2
   source-zone trust
   egress-interface GigabitEthernet0/0/6
   source-address address-set guest02
   action qos profile ChinaTelecom2
#
policy-based-route
#
nat-policy
 rule name to_internet
   source-zone trust
   destination-zone untrust
   source-address address-set guest01
   source-address address-set guest02
   action nat easy-ip
#
proxy-policy
#
quota-policy
#
 multi-interface
#
return
```

4．结果验证

第 1 步，访问在线视频网站被阻止，如图 9-2-2 所示。

图 9-2-2

第 2 步，其他网站可以正常访问，如图 9-2-3 所示。

图 9-2-3

第 3 步，出差用户使用 SSL VPN 进行访问，如图 9-2-4 所示。

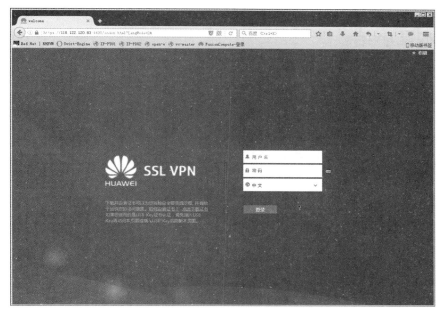

图 9-2-4

第 4 步，通过 SSL VPN 访问内部 OA 服务器成功，如图 9-2-5 所示。

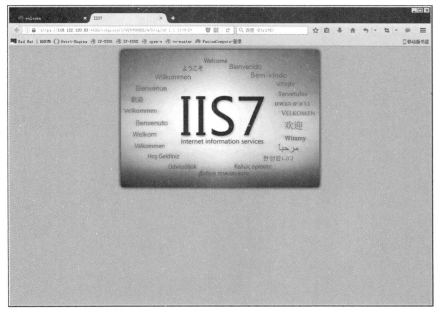

图 9-2-5

9.3　本章小结

本章介绍了华为 USG 防火墙与思科 ASA 防火墙 IPSec VPN 配置，以及华为 USG 防火墙在中小企业中的典型应用配置。在生产环境中，很难做到只使用一家厂商的设备，如果使用多家厂商的设备则需要考虑设备的兼容性，协议采用公共版本，不使用私有协议，以避免设备之间通信出现问题。如果生产环境中只使用一台防火墙提供服务，那么定期检查设备是否存在报警以及备份配置文件就非常重要。